乡村振兴战略中的互联网技术应用系列

乡村基层组织计算机办公应用宝典
（互联网＋版）

主　编　马宪敏

U0290947

北京邮电大学出版社
·北京·

内 容 简 介

党的十九大报告首次提出要坚持农业、农村优先发展，中央农村工作会议和2018年"一号文件"部署实施数字乡村战略，提出要做好整体规划设计，加快农村地区宽带网络和第四代移动通信网络覆盖的步伐，开发适应三农特点的信息技术、应用和服务。本书从"应用和服务"的角度，在微软办公软件：Word 2010、Excel 2010和PowerPoint 2010三个方面，以实际例子的形式进行讲解，并辅以"微视频"，从而为乡村基层组织的计算机数字化办公提供有力的支持和帮助。

图书在版编目(CIP)数据

乡村基层组织计算机办公应用宝典：互联网＋版 /马宪敏主编. -- 北京：北京邮电大学出版社，2018.3 (2020.4 重印)

ISBN 978 - 7 - 5635 - 5427 - 0

Ⅰ. ①乡… Ⅱ. ①马… Ⅲ. ①办公自动化—应用软件 Ⅳ. ①TP317.1

中国版本图书馆 CIP 数据核字(2018)第 061756 号

书　　名	乡村基层组织计算机办公应用宝典(互联网＋版)	
主　　编	马宪敏	
责任编辑	刘国辉	
出版发行	北京邮电大学出版社	
社　　址	北京市海淀区西土城路 10 号(100876)	
电话传真	010 - 82333010　62282185(发行部)　010 - 82333009　62283578(传真)	
网　　址	www. buptpress3. com	
电子信箱	ctrd@buptpress. com	
经　　销	各地新华书店	
印　　刷	北京玺诚印务有限公司	
开　　本	787 mm×960 mm　1/16	
印　　张	9.5	
字　　数	196 千字	
版　　次	2018 年 3 月第 1 版　2020 年 4 月第 6 次印刷	

ISBN 978 - 7 - 5635 - 5427 - 0　　　　　　　　　　　　　　　　定价：19.80元

前　言

党的十九大报告首次提出要坚持农业、农村优先发展，中央农村工作会议和 2018 年"一号文件"部署实施数字乡村战略，提出要做好整体规划设计，加快农村地区宽带网络和第四代移动通信网络覆盖的步伐，开发适应三农特点的信息技术、应用和服务。本书从"应用和服务"的角度，在微软办公软件：Word 2010、Excel 2010 和 PowerPoint 2010 三个方面，以实际例子的形式进行讲解，为乡村基层组织的计算机数字化办公提供有力的支持和帮助。

本书为互联网技术应用系列书籍，可扫描书中二维码观看视频。本书内容包括 Word 2010、Excel 2010、PowerPoint 2010 和综合应用案例四个模块。

在编写过程中，编者力求做到严谨细致、精益求精，由于编者水平有限，书中难免会有不足之处，恳请读者批评指正。

编　者
2017 年 3 月

目　　录

第1章　Word 2010

任务1

　　限制编辑，以便使用者只读文档。输入"mos2010"作为密码。（注意：接受所有其他的默认设置）。打开练习文档（Word 练习题/w1.docx）。

解题步骤：

（1）单击"审阅"选项卡。

（2）单击"保护"组中的"限制编辑"图标，"限制编辑"图标如图 1-1 所示。

图 1-1　"限制编辑"图标

（3）在"限制格式和编辑"功能区，单击 "2.编辑限制"子区域下的"仅允许在文档中进行此类型的编辑"前的复选框。

（4）在其下拉菜单中选择"不允许任何更改（只读）"选项。

（5）在"限制格式和编辑"功能区，单击"3.启动强制保护"子区域下的"是，启动强制保护"按钮，"限制格式和编辑"功能区如图 1-2 所示。

（6）在"启动强制保护"对话框中的"新密码（可选）"后的文本框中输入题目要求的密码"mos2010"，"启动强制保护"对话框如图 1-3 所示。

（7）在 "确认新密码"后的文本框中重复输入上述密码。

（8）单击"确认"按钮，完成本题操作。

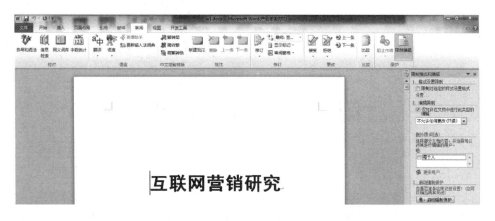

图 1-2 "限制格式和编辑"功能区

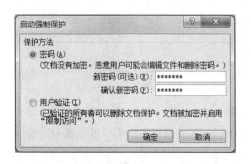

图 1-3 "启动强制保护"对话框

任务 2

为任务 2 中的表格添加"加拿大城市"作为"可选文字"的标题,并将表的"指定宽度"设置为 60%。打开练习文档(Word 练习题/w2.docx)。

解题步骤:

(1)单击指定表格中的任意位置。

(2)单击"表格工具"下的"布局"选项卡,"布局"选项卡如图 1-4 所示。

(3)单击"表"组中的"属性"按钮。

(4)在"表格属性"对话框中单击"可选文字"按钮,"表格属性"对话框如图 1-5 所示。

(5)在"标题"下的文本框中输入题目要求添加的标题文字"加拿大城市"。

(6)单击"表格"按钮,"表格"对话框如图 1-6 所示。

图 1-4　"布局"选项卡

图 1-5　"表格属性"对话框

图 1-6　"表格"对话框

（7）单击"尺寸"下的"指定宽度"前的复选框。

（8）将与"指定宽度"同一行中的"度量单位"下拉菜单中更换为"百分比"。

（9）在"指定宽度"后的文本框中输入题目要求的 60%。

（10）单击"确定"按钮，完成本题的操作。

任务3

从"Word 练习题"文件夹的文件"w3.docx"中，删除样式"样式 2"，保存文件。

解题步骤：

（1）单击"文件"选项卡，"文件"选项卡如图 1-7 所示。

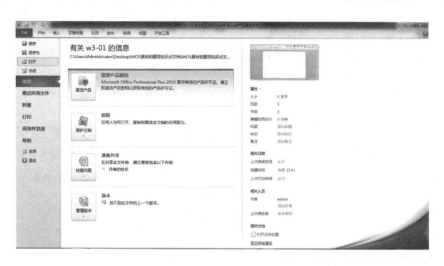

图 1-7　"文件"选项卡

（2）在左侧导航栏中单击"打开"按钮。

（3）在"打开"对话框中选择"文档库"中"Word 练习题"文件夹下的"w3.docx"文档，"打开"对话框如图 1-8 所示。

图 1-8　"打开"对话框

（4）单击"打开"按钮。

（5）单击"开始"选项卡，"开始"选项卡如图 1-9 所示。

图 1-9 "开始"选项卡

（6）单击"样式"组中的图标 ，即"显示样式窗口"。

（7）在"样式"对话框中，单击"样式 2"按钮，选择"删除'样式 2'"按钮，单击。"样式"对话框如图 1-10 所示。

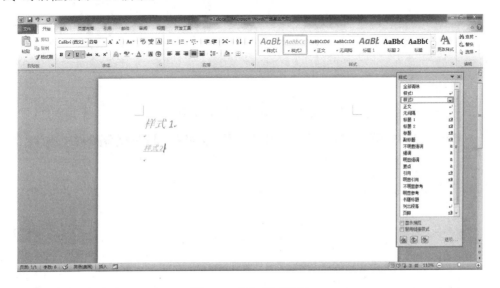

图 1-10 "样式"对话框

（8）在"Microsoft Word"对话框中单击"是"按钮，"Microsoft Word"对话框如图 1-11 所示。

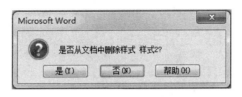

图 1-11 "Microsoft Word"对话框

（9）单击"快速访问工具栏"中的"保存"按钮，"快速访问工具栏"如图 1-12 所示，保存操作结果，完成本题操作。

图 1-12　快速访问工具栏

任务 4

（1）根据当前文档创建信函合并。使用"word 练习题组"文件夹中的"w4 列表.docx"填充收件人列表。添加姓名字段，以替换注释"请在此处插入字段"。注意：接受所有其他的默认设置。

解题步骤：

（1）单击"邮件"选项卡，"邮件"选项卡如图 1-13 所示。

图 1-13　"邮件"选项卡

（2）单击"开始邮件合并"组中的"选择收件人"按钮，从下拉菜单中选择"使用现在列表"按钮，单击。

（3）在"选取数据源"对话框中选择题目要求的文档，"选取数据源"对话框如图 1-14 所示。

图 1-14　"选取数据源"对话框

（4）单击"打开"按钮。

（5）拖曳鼠标选中题签中注释的文字"请在此处插入字段"。

（6）单击"编辑和插入域"组中的"插入合并域"按钮,选择下拉菜单中的"姓名"按钮,完成本小题的操作。"插入合并域"按钮如图 1-15 所示,完成效果如图 1-16 所示。

图 1-15　"插入合并域"按钮

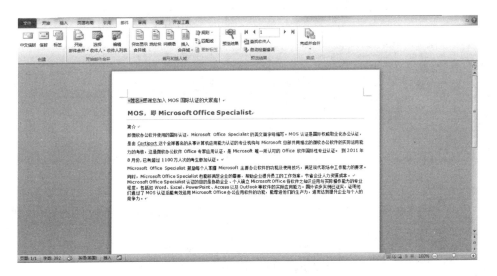

图 1-16　完成效果图

任务 4

（2）从合并中删除重复的记录,并预览合并结果。

解题步骤:

（1）单击"邮件"选项卡。

（2）选择"开始邮件合并"组中的"编辑收件人列表"按钮并单击,"开始邮件合并"组如图 1-17所示。

（3）在"邮件合并收件人"对话框中,单击"查找重复收件人"按钮。

（4）在"查找重复收件人"对话框中,单击"重复姓名"前的复选框,去掉重复收

图 1-17　"开始邮件合并"组

件人。

（5）单击"查找重复收件人"对话框中的"确定"按钮，"查找重复收件人"对话框如图 1-18 所示。

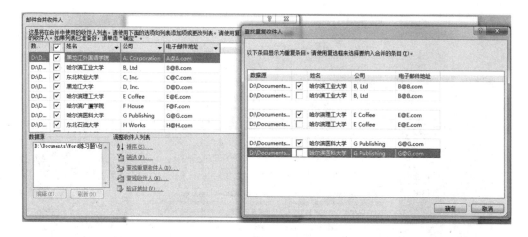

图 1-18　"查找重复收件人"对话框

（6）单击"邮件合并收件人"对话框中的"确定"按钮，"邮件合并收件人"对框如图 1-19 所示。

图 1-19　"邮件合并收件人"对话框

（7）选择"预览结果"组中的"预览结果"按钮并单击。"预览结果"按钮如图 1-20

所示。

图 1-20　"预览结果"按钮

（8）单击"预览结果"按钮旁的" ▶ "按钮，对合并结果进行预览，完成本题操作。

任务 5

　　将"word 练习题"文件夹中的"w5.docx"和"w5-草稿.docx"这两个文件合并到一个新文档中。将"w5-草稿.docx"设置为原文档。接受文档中的所有修订，并在默认位置将其另存为"整合.docx"。

解题步骤：

（1）单击"审阅"选项卡；"审阅"选项卡如图 1-21 所示。

图 1-21　"审阅"选项卡

（2）单击"比较"组中的"比较"按钮。

（3）选择"比较"按钮下拉菜单中的"合并"选项并单击。

（4）在"合并文档"对话框中单击"原文档"后的"文件夹"按钮。

（5）在"打开"对话框中选取题目要求的文档"w5-草稿.docx"。

（6）在"打开"对话框中单击"打开"按钮，原文档的"打开"对话框如图 1-22 所示。

图 1-22　原文档"打开"对话框

（7）在"合并文档"对话框中单击"修订的文档"后的"文件夹"按钮。

（8）在"打开"对话框中选取题目要求的文档"w5.docx"；

（9）在"打开"对话框中单击"打开"按钮，修订的文档的"打开"对话框如图 1-23 所示。

图 1-23　修订的文档的"打开"对话框

（10）在"合并文档"对话框中单击"确定"按钮，"合并文档"对话框如图 1-24 所示。

（11）单击"更改"组中的"接受"按钮。

（12）选择"接受"按钮下拉菜单下的"接受对文档的所有修订"选项并单击，"接受"下拉菜单如图 1-25 所示。

图 1-24　"合并文档"对话框

图 1-25　"接受"下拉菜单

（13）单击"开始"选项卡。

（14）单击左侧导航栏中的"另存为"按钮，"另存为"按钮如图 1-26 所示。

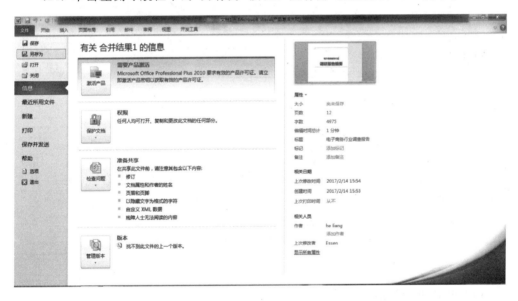

图 1-26　"另存为"按钮

（15）在"另存为"对话框中，"文件名"后的文本框中填写"整合"。

（16）在"另存为"对话框中，单击"保存"按钮，完成本题的操作。"另存为"对话框如图 1-27 所示。

图 1-27 "另存为"对话框

任务 6

　　比较"word 练习题"文件夹中的"w6.1.docx"和"w6.2.docx",将"w6.1.docx"作为原文档。显示新文档中的修订并接受所有修订。在"word 练习题"文件夹中将新文档另存为"比较.docx"。

解题步骤:

（1）单击"审阅"选项卡。

（2）单击"比较"组中的"比较"按钮。

（3）在"比较"下拉菜单中选择"比较"选项并单击。"比较"选项如图 1-28 所示。

（4）在"比较文档"对话框中,单击"原文档"后的"文件夹"按钮。

（5）在"打开"对话框中,选择题目要求的文档"w6.1.docx"文档。

（6）单击"打开"对话框中的"打开"按钮,原文档的"打开"对话框如图 1-29 所示。

（7）在"比较文档"对话框中,单击"修订的文档"后的"文件夹"按钮。

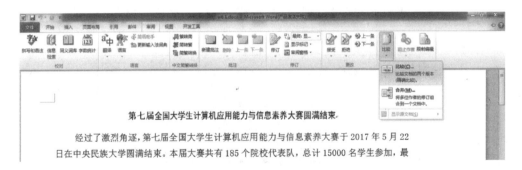

第七届全国大学生计算机应用能力与信息素养大赛圆满结束

经过了激烈角逐,第七届全国大学生计算机应用能力与信息素养大赛于 2017 年 5 月 22 日在中央民族大学圆满结束。本届大赛共有 185 个院校代表队,总计 15000 名学生参加,最

图 1-28　"比较"选项

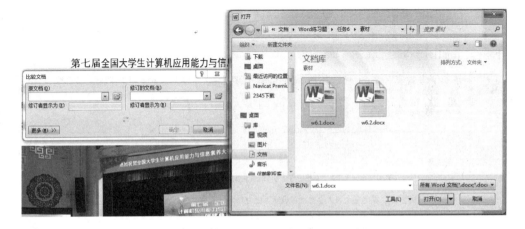

图 1-29　原文档的"打开"对话框

（8）在"打开"对话框中,选择题目要求的文档"w6.2.docx 文档"。

（9）单击"打开"对话框中的"打开"按钮,修订的文档的"打开"对话框如图 1-30 所示。

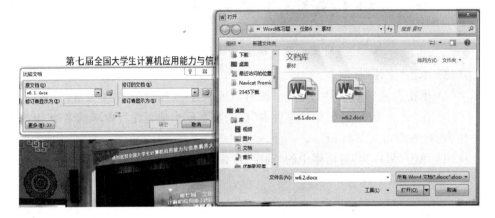

图 1-30　修订的文档的"打开"对话框

(10) 单击"比较文档"对话框中的"确定"按钮,"比较文档"对话框如图 1-31 所示。

图 1-31 "比较文档"对话框

(11) 单击"更改"组中的"接受"按钮。

(12) 选择"接受"按钮下拉菜单下的"接受对文档的所有修订"选项,"接受"按钮下拉菜单如图 1-32 所示。

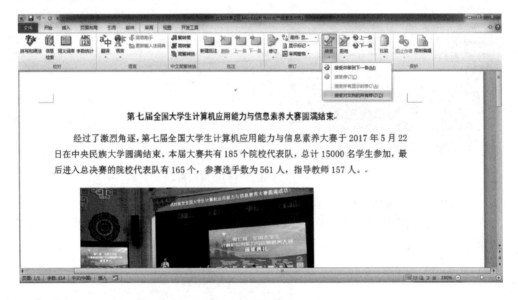

图 1-32 "接受"按钮下拉菜单

(13) 单击"文件"选项卡。

(14) 单击左侧导航栏中"另存为"按钮,"另存为"按钮如图 1-33 所示。

(15) 在"另存为"对话框中,"文件名"后的文本框中填写题目要求的名字"比较","另存为"对话框如图 1-34 所示。

(16) 单击"另存为"对话框中的"确定"按钮,完成本题的操作。

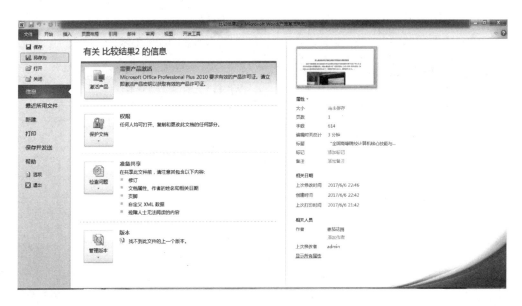

图 1-33 "另存为"按钮

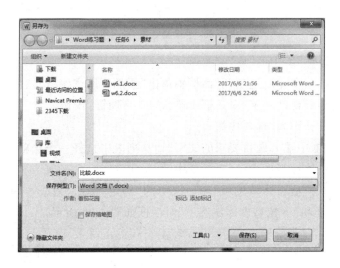

图 1-34 "另存为"对话框

任务 7

为名称为"其他"的"下拉型窗体域"添加如下的帮助文字,请从列表中选择一个选项。

解题步骤:

（1）单击文档中名称为"其他"的"下拉型窗体域"。

（2）单击"开发工具"选项卡，"开发工具"选项卡如图 1-35 所示。

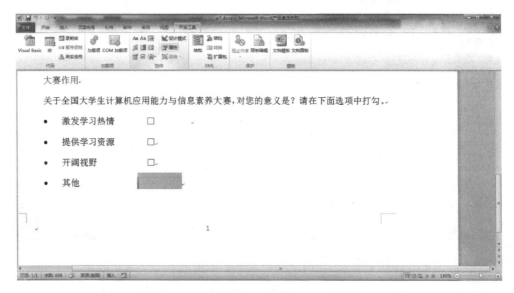

图 1-35　"开发工具"选项卡

（3）单击"控件"组中的"属性"按钮。

（4）在"下拉型窗体域选项"对话框中单击"添加帮助文字"按钮。

（5）在"窗体域帮助文字"对话框中单击"F1 帮助键"按钮。

（6）单击"自己键入"选项按钮。

（7）在文本框中输入题目要求的文字"请从列表中选择一个选项"。

（8）单击"窗体域帮助文字"对话框中的"确定"按钮。

（9）单击"下拉型窗体域选项"对话框中的"确定"按钮，完成本题操作。"窗体域帮助文字"对话框和"下拉型窗体域选项"对话框如图 1-36 所示。

图 1-36　"窗体域帮助文字"对话框和"下拉型窗体域选项"对话框

任务 8

更新当前索引，以使其包括文档中出现的所有"计算机"。

解题步骤：

（1）鼠标拖曳选中文档中任意的"计算机"文字。

（2）单击"引用"选项卡，"引用"选项卡如图 1-37 所示。

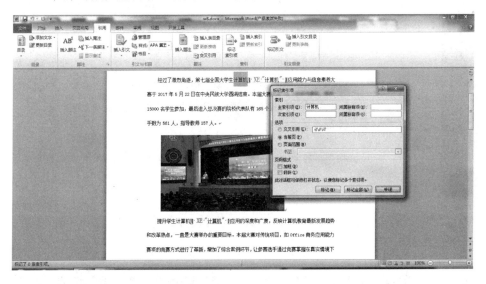

图 1-37　"引用"选项卡

（3）在"索引"组中单击"标记索引项"按钮。

（4）在"标记索引项"对话框中单击"标记全部"按钮，"标记索引项"对话框如图 1-38 所示。

图 1-38　"标记索引项"对话框

（5）单击"关闭"按钮。

（6）单击文档中的"索引"部分。

（7）单击"索引"组中"更新索引"按钮，完成本题操作。"更新索引"按钮的位置如图 1-39 所示。完成效果如图 1-40 所示。

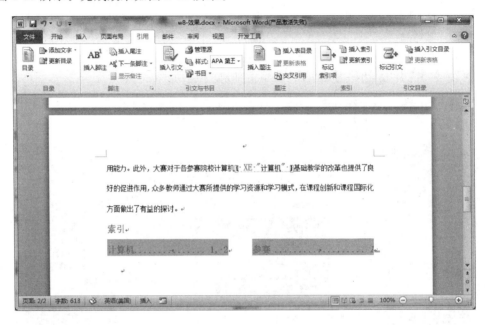

图 1-39 "更新索引"按钮

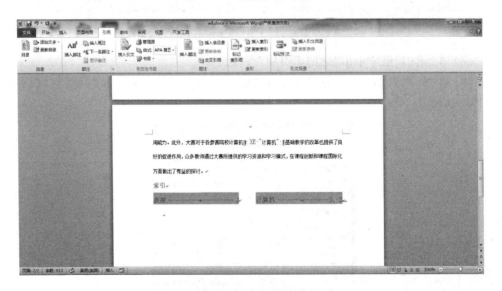

图 1-40 完成效果图

任务 9

仅调整给定的或自己输入的字符间距,使用 1.5 磅的加宽间距。

解题步骤:

(1) 使用鼠标选中所有文字。

(2) 单击鼠标右键,单击"字体"按钮,右键单击的任务栏如图 1-41 所示。

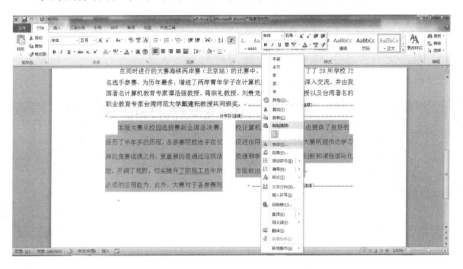

图 1-41　右键单击的任务栏

(3) 在"字体"对话框中,单击"高级"按钮,"字体"对话框如图 1-42 所示。

图 1-42　"字体"对话框

（4）在"间距"下拉菜单中选择"加宽"选项。

（5）在"磅值"文本框中填写题目要求的"1.5磅"。

（6）单击"确定"按钮，完成本题的操作。

任务 10

将页眉右侧的图形作为构建的基块保存到页眉库中，将构建的基块命名为"页眉图片"（注意：接受所有其他的默认设置）。

解题步骤：

（1）双击文档页眉处，选中页眉中的图片。

（2）单击"插入"选项卡，"插入"选项卡如图 1-43 所示。

图 1-43 "插入"选项卡

（3）单击"文本"组中的"文档部件"按钮。

（4）单击"文档部件"下拉菜单中的"将所选内容保存到文档部件库"选项，"文档部件"下拉菜单如图 1-44 所示。

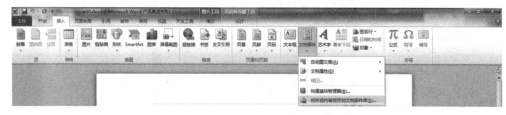

图 1-44 "文档部件"下拉菜单

（5）在"新建构建基块"对话框中"名称"后的文本框中填入题目要求的文字"页眉图片"，"新建构建基块"对话框如图 1-45 所示。

（6）在"库"后的下拉选择菜单中选择"页眉"。

（7）单击"确定"按钮，完成本题的操作。

图 1-45　"新建构建基块"对话框

任务 11

　　添加"其他"作为组合框内容控件的标题,并锁定此内容控件,使其无法编辑。

解题步骤:

(1)单击选中"组合框内容控件"。

(2)单击"开发工具"选项卡,"开发工具"选项卡如图 1-46 所示。

图 1-46　"开发工具"选项卡

(3)单击"控件"组中的"属性"按钮。

(4)在"内容控件属性"对话框中"标题"后的文本框中输入题目要求的文字"其他"。

(5)勾选"无法编辑内容"前的复选框。

（6）单击"确定"按钮，完成本题的操作。

任务 12

　　录制新宏，对文本应用倾斜字体和加粗效果。将该宏命名为"强调"，并将宏指定到键盘 Ctrl＋Q。对表"高职组获得一等奖部分院校"中的"计算机基础赛项"列的内容应用此宏。

解题步骤：

（1）单击"开发工具"选项卡。

（2）单击"代码"组中"录制宏"按钮。

（3）在"录制宏"对话框中"宏名"下方的文本框中输入题目要求的文字"强调"。

（4）单击"键盘"按钮，"录制宏"对话框如图 1-47 所示。

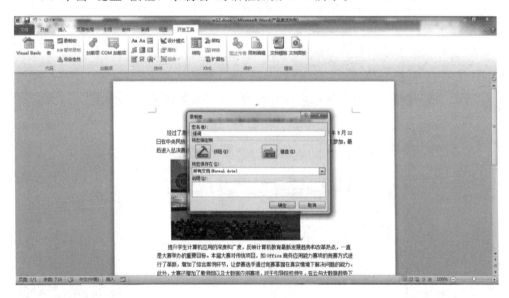

图 1-47　"录制宏"对话框

　　（5）在"自定义键盘"对话框中，单击"请按新快捷键"下方的文本框，同时按下键盘中的 Ctrl 键和 Q 键。"自定义键盘"对话框如图 1-48 所示。

（6）单击"指定"按钮。

（7）单击"关闭"按钮。

（8）单击"开始"选项卡。

（9）单击"字体"组中的"加粗"按钮。

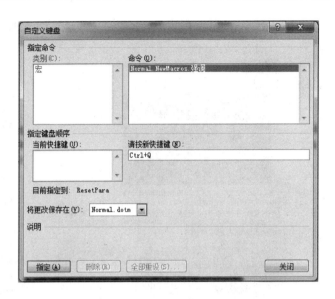

图 1-48　"自定义键盘"对话框

（10）单击"字体"组中的"倾斜"按钮，"字体"组位置如图 1-49 所示。

图 1-49　"字体"组

（11）单击"开发工具"选项卡。

（12）单击"代码"组中的"停止录制"按钮，"停止录制"按钮如图 1-50 所示。

图 1-50　"停止录制"按钮

（13）单击"高职组获得一等奖部分院校"表中的"计算机基础赛项"一列。

（14）在键盘中按下 Ctrl＋Q 键，完成本题的操作。完成效果如图 1-51 所示。

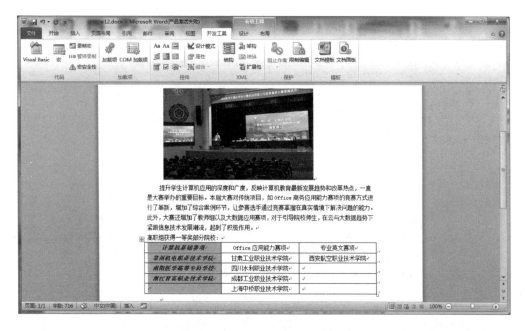

图 1-51　完成效果图

任务13

　　更新"引文目录",使用"简单"格式,去掉"制表符前导符"。

解题步骤:

(1)选中文档中的"引文目录"。

(2)单击"引用"选项卡。

(3)单击"引文目录"组中的"插入引文目录"按钮,"插入引文目录"按钮如图 1-52 所示。

(4)在"引文目录"对话框中,单击"格式"下拉菜单,选择"简单"选项,"引文目录"对话框如图 1-53 所示。

(5)在"引文目录"对话框中,单击"制表符前导符"下拉菜单,选择"无"选项。

(6)单击"确定"按钮,完成本题操作。

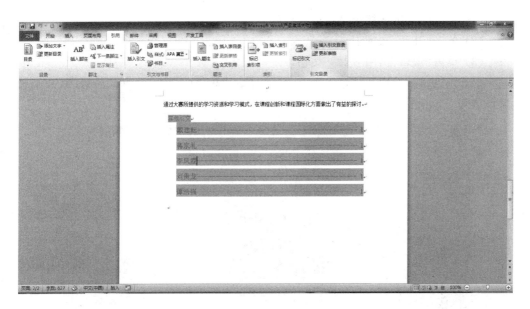

图 1-52　"插入引文目录"按钮

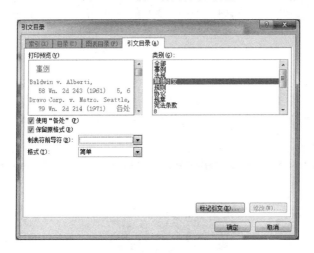

图 1-53　"引文目录"对话框

任务 14

　创建对文本应用"1.5 倍行距"样式的宏,将宏命名为"行距",然后对文档中与第一段格式相同的段落应用此宏。

解题步骤:

（1）用鼠标选中文档中第一段的内容。

（2）单击"开始"选项卡。

（3）单击"编辑"组中"选择"按钮。

（4）在"选择"按钮下拉菜单中单击"选择格式相似的文本"选项，"选择"按钮下拉菜单如图 1-54 所示。

图 1-54　"选择"按钮下拉菜单

（5）单击"开发工具"选项卡。

（6）单击"代码"组中的"录制宏"按钮。

（7）在"录制宏"对话框中，在"宏名"下的文本框中输入"行距"。"录制宏"对话框如图 1-55所示。

图 1-55　"录制宏"对话框

（8）单击"确定"按钮。

（9）单击"开始"选项卡。

（10）单击"段落"组中的 按钮。

（11）在"段落"对话框中，单击"行距"下的下拉菜单，选择题目要求的"1.5 倍行距"。"段落"对话框如图 1-56 所示。

图 1-56 "段落"对话框

（12）单击"确定"按钮。

（13）单击"开发工具"选项卡。

（14）单击"代码"组中的"停止录制"按钮，单击文档中的空白处，完成本题的操作。"停止录制"按钮如图 1-57 所示。

图 1-57 "停止录制"按钮

任务 15

在设置兼容性选项中，设置当前文档的版式，使其看似创建于 Microsoft Word 97。

解题步骤：

（1）单击"文件"选项卡。

（2）在左侧导航栏中单击"选项"按钮，"选项"按钮如图 1-58 所示。

图 1-58　"选项"按钮

（3）在"Word 选项"对话框中的左侧导航栏中单击"高级"按钮，"Word 选项"对话框如图 1-59 所示。

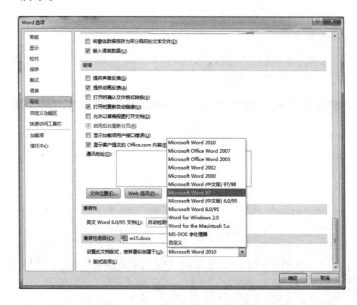

图 1-59　"Word 选项"对话框

(4) 向下滚动鼠标,在右侧"兼容性"子区域中"设置此文档版式,使其看似创建于"后的下拉菜单中选择题目要求的"Microsoft word 97"。

(5) 单击"确定"按钮,完成本题的操作。

任务 16

设置所有"标题 1"文本的格式,使用"悬挂缩进",段前段后间距 1 行。

解题步骤:

(1) 单击"开始"选项卡。

(2) 在"样式"组中单击 ▶ 按钮。

(3) 在"样式"下拉菜单中单击题目要求的"标题 1"中的"修改"选项。

(4) 在"修改样式"对话框中,单击"格式"按钮。"修改样式"对话框如图 1-60 所示。

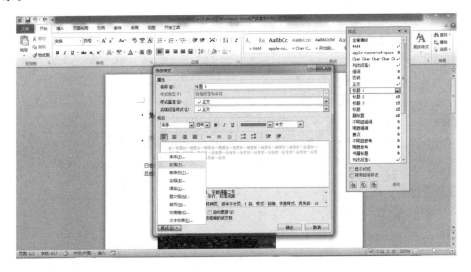

图 1-60　"修改样式"对话框

(5) 在"格式"下拉菜单中单击"段落"。

(6) 在"段落"对话框的"缩进"子区域中,单击"特殊格式"下拉菜单,选择"悬挂缩进"。

(7) 在"间距"子区域中,将"段前"后的文本框中输入题目要求的"1 行"。

(8) 在"间距"子区域中,将"段后"后的文本框中输入题目要求的"1 行"。

(9) 单击"段落"对话框中的"确定"按钮。"段落"对话框如图 1-61 所示。

(10) 单击"修改样式"对话框中"确定"按钮,完成本题的操作。"修改样式"对话框如图1-62所示。

图 1-61 "段落"对话框　　　　　　　图 1-62 "修改样式"对话框

任务 17

使用"word 练习题"文件夹中的"w17. 列表.docx"填充收件人列表,不要新建邮件合并。向当前信封合并中添加新字段,以替换突出显示的相应占位符。选择"编辑单个文档"以完成合并,然后在"word 练习题"文件夹中将合并另存为"合并邮件"(注意:请不要打印合并或通过电子邮件发送合并)。

解题步骤:

(1)单击"邮件"选项卡。

(2)单击"开始邮件合并"组中"选择收件人"按钮。

(3)在"选择收件人"下拉菜单中,单击"使用现有列表"选项。"选择收件人"下拉菜单如图1-63所示。

(4)在"选取数据源"对话框中,单击左侧导航栏中的"文档"选项。

(5)在"选取数据源"对话框中右侧的"文档库"中,打开"word 练习题"文件夹。"选取数据源"对话框如图1-64所示。

(6)单击"w17. 列表.docx"文档,"w17. 列表.docx"文档位置如图1-65所示。

(7)单击"打开"按钮。

(8)选中文档中突出显示的"插入姓名字段"。

(9)单击"编写和插入域"组下的"插入合并域"按钮。

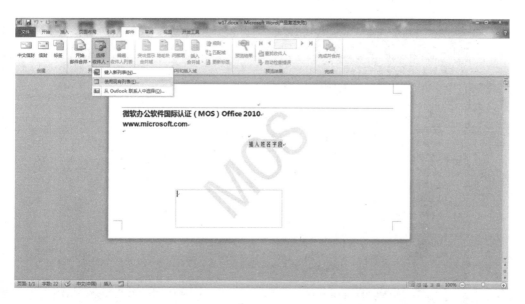

图 1-63　"选择收件人"下拉菜单

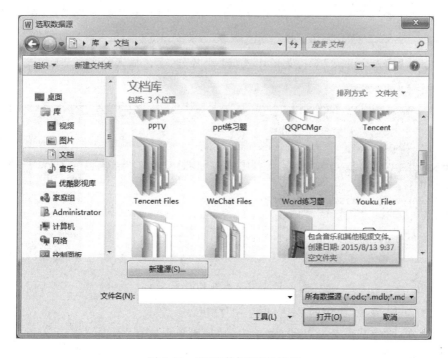

图 1-64　"选取数据源"对话框

图 1-65 "w17.列表.docx"文档位置

（10）在"插入合并域"下拉菜单中选择"姓名"选项，"插入合并域"下拉菜单如图 1-66 所示。

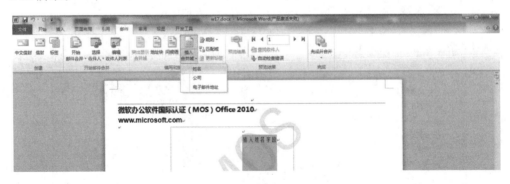

图 1-66 "插入合并域"下拉菜单

（11）单击"完成"组中的"完成并合并"按钮。

（12）单击"完成并合并"下拉菜单中的"编辑单个文档"选项，"编辑单个文档"选项如图 1-67 所示。

（13）在"合并到新文档"对话框中，单击"全部"选择按钮，"合并到新文档"对话框如图 1-68 所示。

（14）单击"确定"按钮。

图 1-67 "编辑单个文档"选项

图 1-68 "合并到新文档"对话框

（15）单击"文件"选项卡。

（16）在左侧导航栏中单击"另存为"按钮。"文件"选项卡如图 1-69 所示。

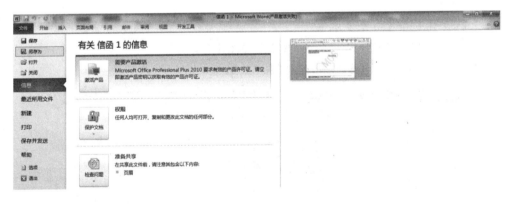

图 1-69 "文件"选项卡

（17）在"另存为"对话框中的"文件名"后的文本框中输入"合并邮件"，"另存为"对话框如图 1-70 所示。

（18）单击"保存"按钮，完成本题操作。

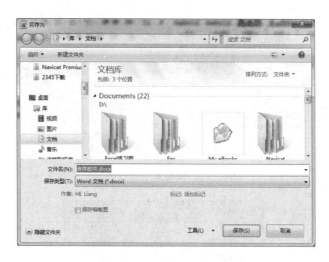

图 1-70 "另存为"对话框

任务 18

断开文档中两个文本框之间的链接。

解题步骤:

(1) 单击选中第一个文本框。

(2) 单击"格式"选项卡,"格式"选项卡如图 1-71 所示。

(3) 单击"文本"组中的"断开链接"按钮,完成本题的操作。

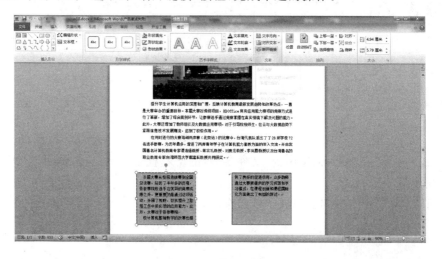

图 1-71 "格式"选项卡

任务 19

删除与"李凤霞"相关的引文，更新引文目录。

解题步骤：

（1）删除文档中用"{ }"括住的"李凤霞"文字，"李凤霞"标记的引文内容如图 1-72 所示。

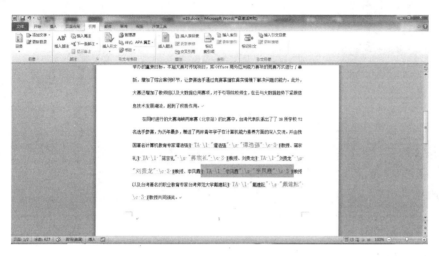

图 1-72　"李凤霞"引文标记的内容

（2）选中引文目录。

（3）单击右键，单击"更新域"按钮，完成本题操作。"更新域"按钮如图 1-73 所示。完成效果如图 1-74 所示。

图 1-73　"更新域"按钮

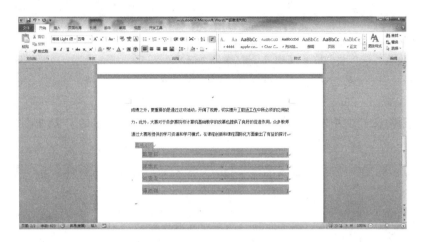

图 1-74　完成效果

任务 20

使用"源管理器"将"word 练习题"文件夹中的"w20.引文.xml"复制到可用源列表。

解题步骤:

(1) 单击"引用"选项卡。

(2) 单击"引文与书目"组中的"管理源"按钮。

(3) 单击"源管理器"对话框中"以下位置中的可用源"后的"浏览"按钮。

(4) 在"打开源列表"对话框中选择"w20.引文.xml"文件。

(5) 单击"确定"按钮。添加"w20.引文.xml"文件过程如图 1-75 所示。

图 1-75　添加引文文件

（6）单击"源管理器"对话框中的"关闭"按钮，完成本题的操作。"源管理器"对话
框如图 1-76 所示。

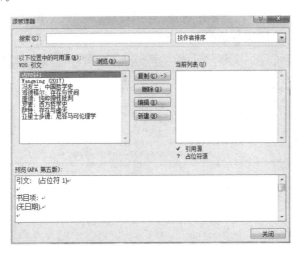

图 1-76　"源管理器"对话框

任务 21

将"Word 文字处理后"的"复选框（内容控件）"替换为"选项按钮
（ActiveX 控件）"。

解题步骤：

（1）选中文档中"Word 文字处理"后的"复选框（内容控件）"，按键盘中的 Delete
键删除控件。复选框（内容控件）如图 1-77 所示。

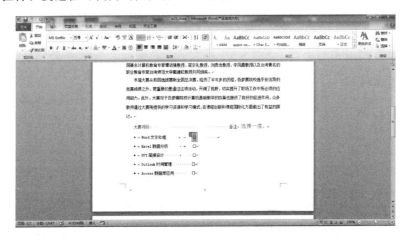

图 1-77　复选框（内容控件）

（2）单击"开发工具"选项卡。

（3）单击"控件"组中的"旧式工具"按钮 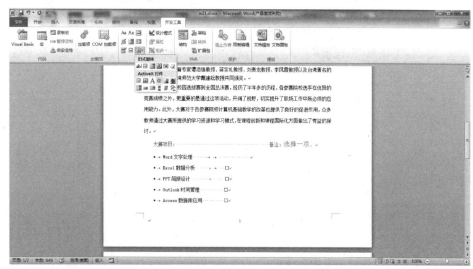。

（4）在"旧式工具"下拉菜单中选择"选项按钮（ActiveX 控件）"并单击，完成本题操作。"旧式工具"下拉菜单如图 1-78 所示。

图 1-78 "旧式工具"下拉菜单

第 2 章　Excel 2010

解题步骤:

(1) 单击表格中的"P3"单元格,在单元格中输入"=COUNTIFS()"函数。

(2) 单击表头上方的 f_x 按钮。

(3) 单击"函数参数"对话框中的"Criteria_range1"字段后的 按钮,"函数参
数"对话框如图 2-1 所示。

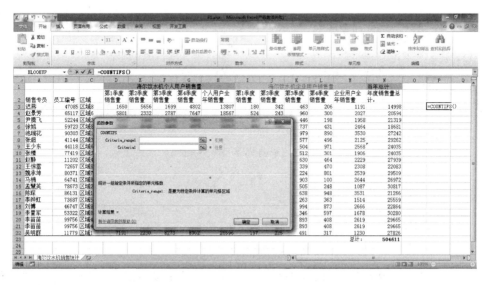

图 2-1　"函数参数"对话框

(4) 单击选中表中"区域"一列所在的区域(若无法选中这一列,可以手动输入"本

列号:本列号"如 C:C,字母大写)。

（5）单击 ![] 按钮,返回"函数参数"对话框。操作过程如图 2-2 所示。

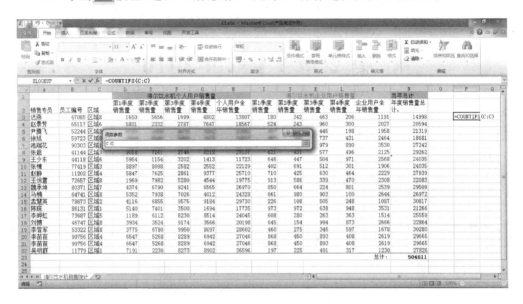

图 2-2　操作过程

（6）在"函数参数"对话框中"Criteria1"后的文本框中输入"区域 3"(注意:考试时文字与数字之间是否有空格),"函数参数"对话框如图 2-3 所示。

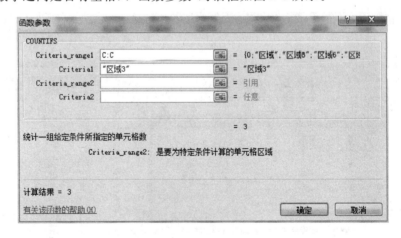

图 2-3　"函数参数"对话框

（7）单击"函数参数"对话框中"Criteria_range2"字段后的 ![] 按钮,操作过程如图 2-4所示。

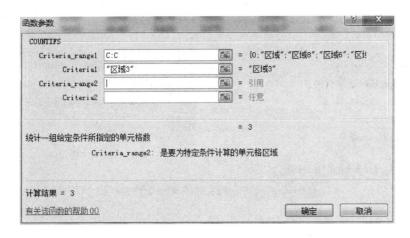

图 2-4　操作过程

（8）单击选中表中"年度销售量总计"一列的所在区域。

（9）单击 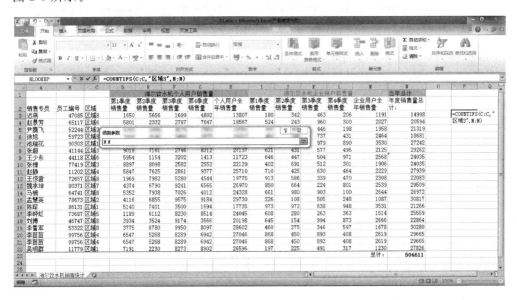 按钮，返回"函数参数"对话框，返回"函数参数"对话框操作如图 2-5 所示。

图 2-5　返回"函数参数"对话框操作

（10）在"函数参数"对话框中"Criteria2"后的文本框中输入"＞26000"。

（11）单击"确定"按钮，完成本题的操作。"Criteria2"的条件操作如图 2-6 所示。完成效果如图 2-7 所示。

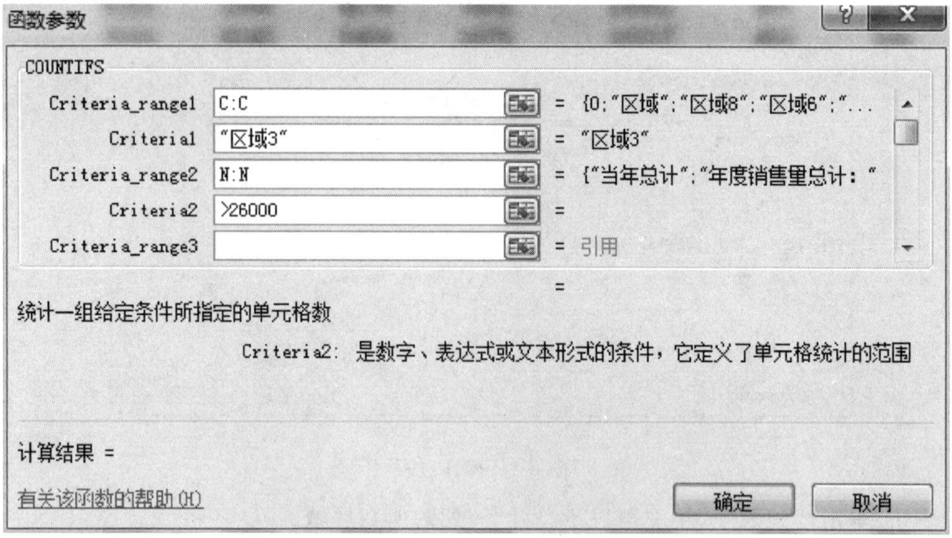

图 2-6 "Criteria2"的条件操作

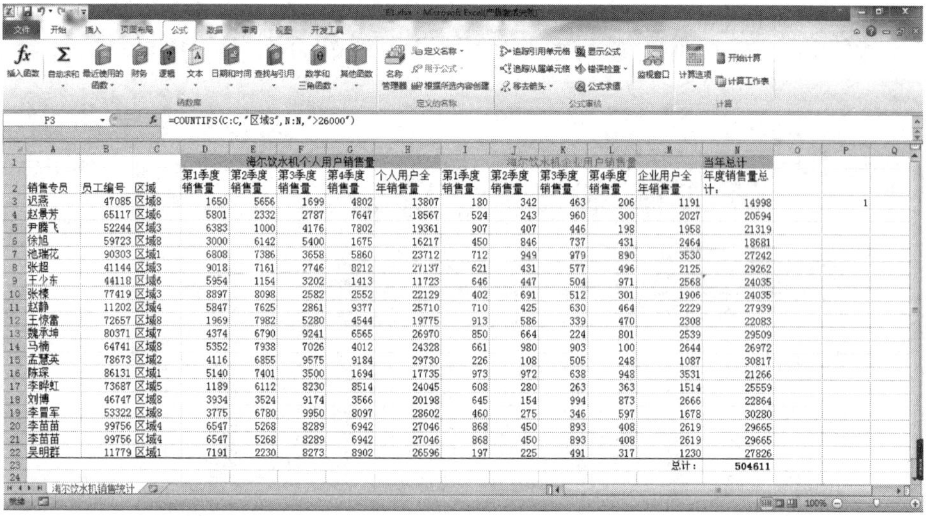

图 2-7 完成效果图

任务 2

在工作表"图书销售"的单元格 K2 中,添加一个函数,以对"仓库 1"中的图书种类进行计数。

解题步骤：

（1）单击选中表中的 K2 单元格。

（2）单击"公式"选项卡。

（3）单击"函数库"中的"插入函数"按钮。

（4）在"插入函数"对话框中，"或选择类别"下拉菜单中选择"全部"，"插入函数"
对话框如图 2-8 所示。

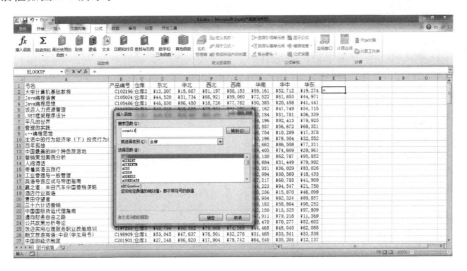

图 2-8 "插入函数"对话框

（5）在"插入函数"对话框中，"插入函数"下的文本框中输入"countif"。

（6）单击"转到"按钮。

（7）单击"选择函数"选项下的"COUNTIF"函数，"COUNTIF"函数选项如图 2-9
所示。

图 2-9 "COUNTIF"函数

（8）单击"确定"按钮。

（9）单击"函数参数"对话框中的"Range"后的 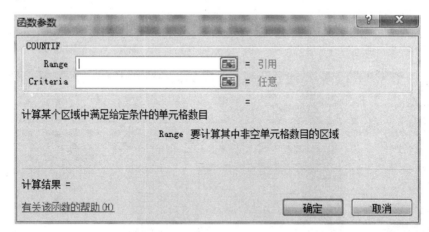 按钮，"Range"范围选取操作如图 2-10 所示。

图 2-10　"Range"范围的选取操作

（10）单击选中"仓库"一列。

（11）单击 ▦ 按钮，返回"函数参数"对话框，返回"函数参数"对话框操作如图 2-11 所示。

图 2-11　返回"函数参数"对话框

（12）在"Criteria"后的文本框中输入"仓库1"，"Criteria"的条件操作如图 2-12 所示。

（13）单击"确定"按钮，完成本题的操作。完成效果如图 2-13 所示。

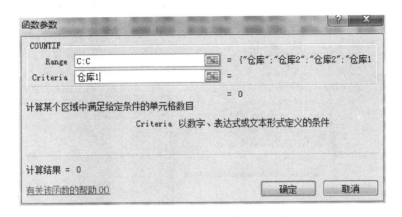

图 2-12　"Criteria"的条件操作

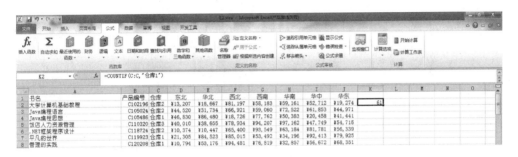

图 2-13　完成效果图

任务 3

　　在工作表"图书销售"的单元格 L2 中,插入 SUMIFS 函数,计算"仓库 3"中以"中"开头的图书中,销往东北的总金额。

解题步骤:

(1)单击选中表格"L2"单元格。

(2)单击"公式"选项卡,"公式"选项卡如图 2-14 所示。

(3)单击"函数库"组中的"插入函数"按钮。

(4)在"插入函数"对话框中的"或选择类别"下拉菜单中选择"全部"。

(5)在"搜索函数"下的文本框中输入"sumifs"。

(6)单击"转到"按钮。

(7)在"选择函数"下拉菜单中选择"SUMIFS"函数。

(8)单击"确定"按钮。"插入函数"对话框如图 2-15 所示。

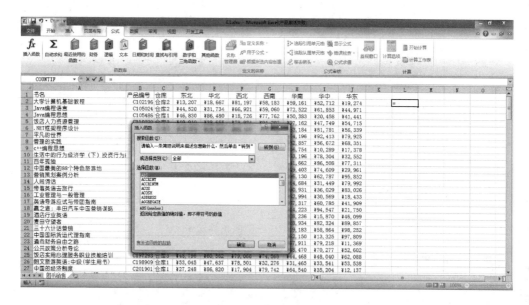

图 2-14 "公式"选项卡

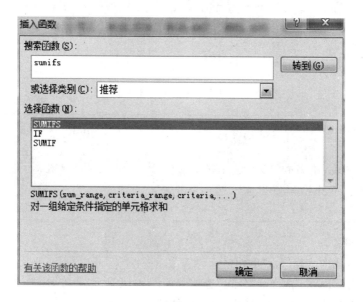

图 2-15 "插入函数"对话框

（9）单击"函数参数"对话框中"Sum_range"后的文本框，将光标选定在文本框中。"Sum_range"的设置如图 2-16 所示。

（10）用鼠标下拉选中"东北"这一列的所有数据。

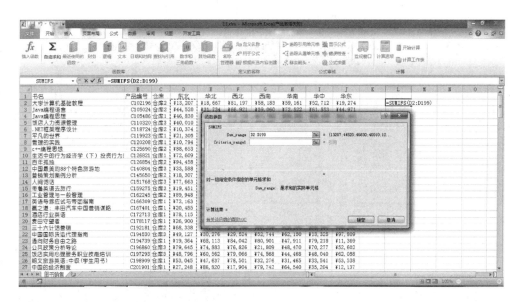

图 2-16 "Sum_range"的设置

（11）单击"函数参数"对话框中"Criteria_range1"后的文本框，将光标选定在文本框中。"Criteria_range1"的设置如图 2-17 所示。

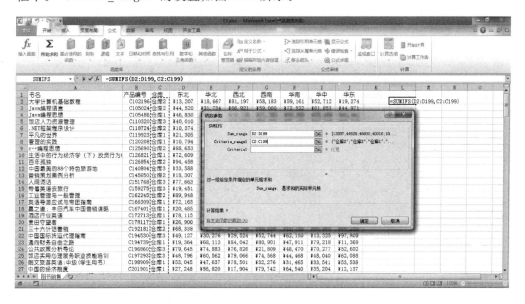

图 2-17 "Criteria_range1"的设置

（12）用鼠标下拉选中"仓库"这一列的所有内容。

（13）单击选中"Criteria1"后的文本框，输入"仓库 3"。

（14）单击"函数参数"对话框中"Criteria_range2"后的文本框，将光标选定在文本框中,"Criteria_range2"的设置如图 2-18 所示。

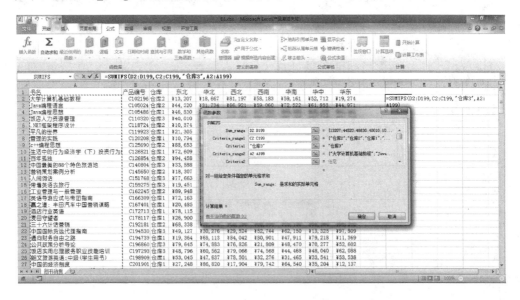

图 2-18 "Criteria_range2"的设置

(15)用鼠标下拉选中"书名"这一列的所有内容。

(16)单击"函数参数"对话框中"Criteria2"后的文本框,输入"中＊"。"Criteria2"
的设置如图 2-19 所示。

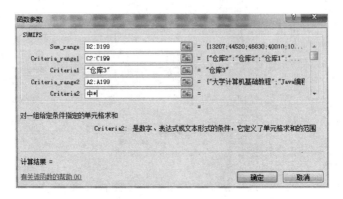

图 2-19 "Criteria2"的设置

(17)单击"确定"按钮,完成本题的操作。完成效果如图 2-20 所示。

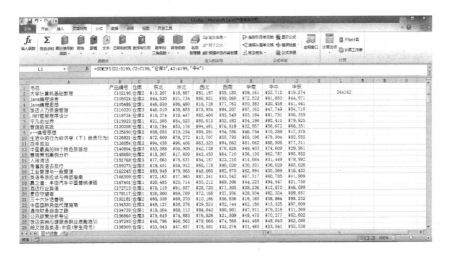

图 2-20　完成效果图

任务 4

在工作表"图书销售"的单元格 L2 中，使用 AVERAGEIFS()函数，计算"仓库 3"中销往西北的平均值（剔除值为 0 的情况）。

解题步骤：

(1) 单击选中表格"L2"单元格。

(2) 单击"公式"选项卡。

(3) 单击"函数库"组 中的"插入函数"按钮，"插入函数"按钮如图 2-21 所示。

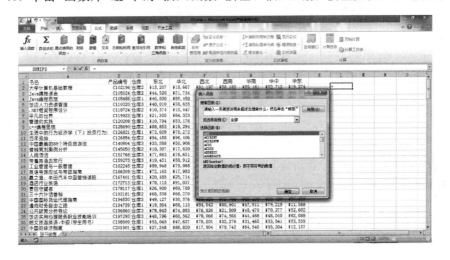

图 2-21　"插入函数"按钮

(4) 在"插入函数"对话框中"或选择类别"下拉菜单中选择"全部"。

(5) 在"搜索函数"下的文本框中输入"averageifs"。

(6) 单击"转到"按钮。

(7) 在"选择函数"下拉菜单中选择"AVERAGEIFS"函数。

(8) 单击"确定"按钮。"插入函数"对话框如图 2-22 所示。

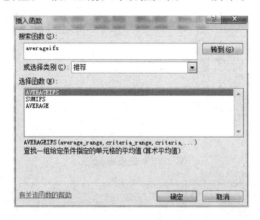

图 2-22 "插入函数"对话框

(9) 单击"函数参数"对话框中的"Average_range"后的文本框,将光标选定在文本框中,"Average_range"的设置如图 2-23 所示。

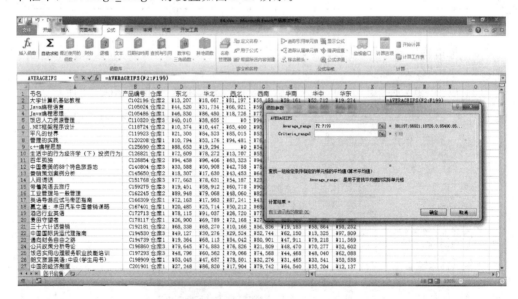

图 2-23 "Average_range"的设置

(10) 用鼠标下拉选中"西北"这一列的所有数据。

（11）单击"函数参数"对话框中"Criteria_range1"后的文本框，将光标选定在文本框中，"Criteria_range1"的设置如图 2-24 所示。

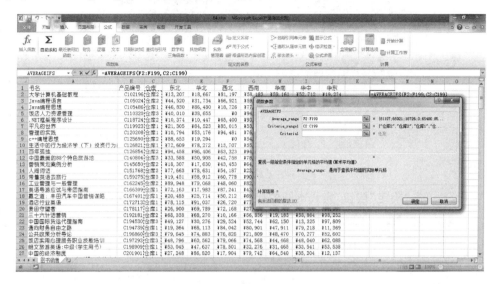

图 2-24 "Criteria_range1"的设置

（12）用鼠标下拉选中"仓库"这一列的所有内容。

（13）单击选中"Criteria1"后的文本框，输入"仓库 3"。

（14）单击"函数参数"对话框中"Criteria_range2"后的文本框，将光标选定在文本框中。"Criteria1"与"Criteria_range2"的设置如图 2-25 所示。

（15）用鼠标下拉选中"西北"这一列的所有数据。

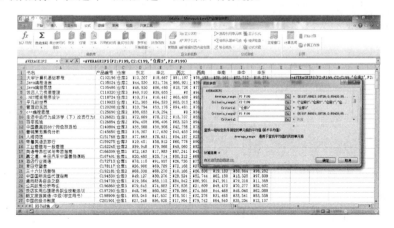

图 2-25 "Criteria1"与"Criteria_range2"的设置

（16）单击选中"Criteria2"后的文本框，输入"<>0"，剔除值为 0 的情况，"Criteria2"的设置如图 2-26 所示。

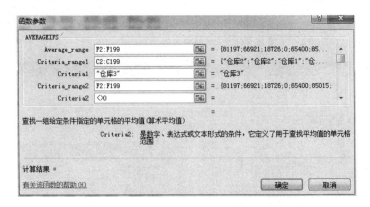

图 2-26 "Criteria2"的设置

（17）单击"确定"按钮，完成本题的操作。完成效果如图 2-27 所示。

图 2-27 完成效果图

任务 5

在工作表"海尔饮水机售量统计"的单元格 C12 中，使用 HLOOKUP（）函数，查找华南区域的销售经理的总销售量。

解题步骤：

（1）单击选中表格"C12"单元格。

（2）单击"公式"选项卡，"公式"选项卡如图 2-28 所示。

（3）单击"函数库"组中的"插入函数"按钮。

（4）在"插入函数"对话框中的"或选择类别"下拉菜单中选择"全部"。

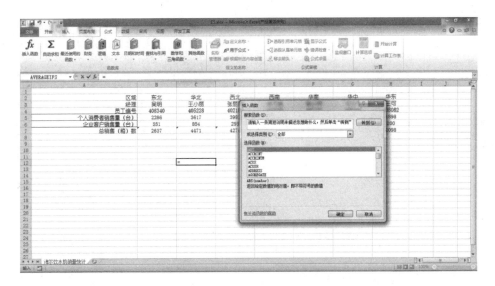

图 2-28　"公式"选项卡

（5）在"搜索函数"下文本框中输入"hlookup"。

（6）单击"转到"按钮。

（7）在"选择函数"下拉菜单中选择"HLOOKUP"函数。

（8）在"插入函数"对话框中单击"确定"按钮，"插入函数"对话框如图 2-29 所示。

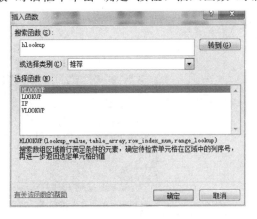

图 2-29　"插入函数"对话框

（9）单击"函数参数"对话框中"Lookup_value"后的文本框，将光标选定在文本框中，"Lookup_value"的设置如图 2-30 所示。

（10）用鼠标选中"华南区经理"对应的单元格。

（11）单击"函数参数"对话框中"Table_array"后的文本框，将光标选定在文本框中，"Table_array"的设置如图 2-31 所示。

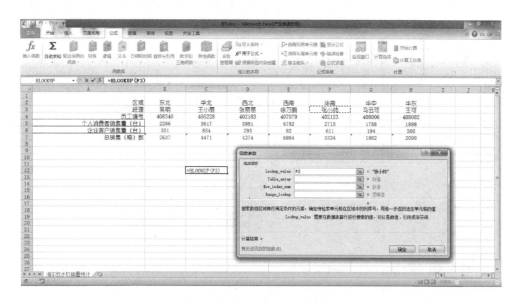

图 2-30 "Lookup_value"的设置

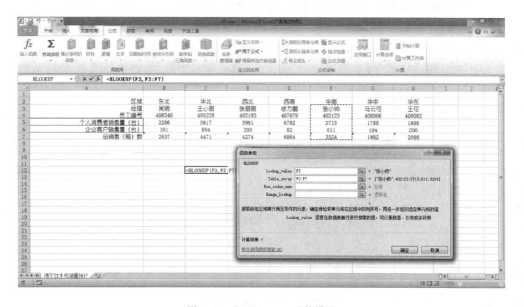

图 2-31 "Table_array"的设置

（12）用鼠标下拉选中"华南区经理"（包括经理在内的以下所有内容）对应的单元格。

（13）在"函数参数"对话框中"Row_index_num"后的文本框中填入要查找"总销售量"所在的行数"5"（从经理所在行开始计数），"Row_index_num"的设置如图 2-32所示。

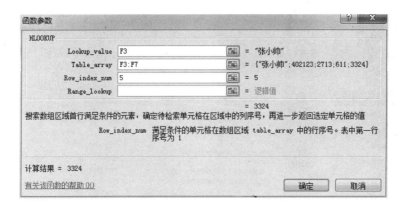

图 2-32　"Row_index_num"的设置

（14）单击"确定"按钮，完成本题的操作。完成效果如图 2-33 所示。

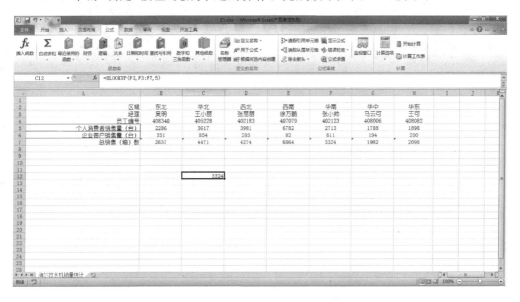

图 2-33　完成效果图

任务 6

配置 Excel，以使用蓝色标示检测到的公式错误。

解题步骤：

（1）单击"文件"选项卡，"文件"选项卡如图 2-34 所示。

（2）单击左侧导航栏中的"选项"按钮。

图 2-34　"文件"选项卡

（3）在"Excel 选项"对话框中，单击"公式"选项，"Excel 选项"对话框如图 2-35 所示。

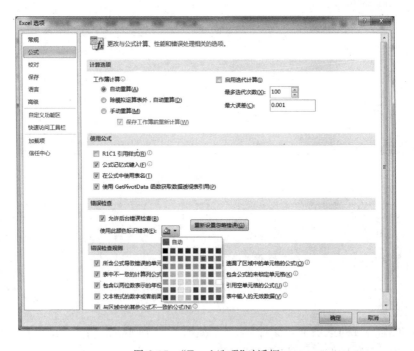

图 2-35　"Excel 选项"对话框

（4）在"Excel 选项"对话框右侧的"错误检查"子区域中，单击"使用此颜色标示错误"后的按钮，选择题目要求的颜色。

（5）单击"确定"按钮，完成本题的操作。

任务 7

启用迭代计算，并将最多迭代次数设置为 30。

解题步骤：

（1）单击"文件"选项卡。

（2）单击左侧导航栏中的"选项"按钮，"选项"按钮如图 2-36 所示。

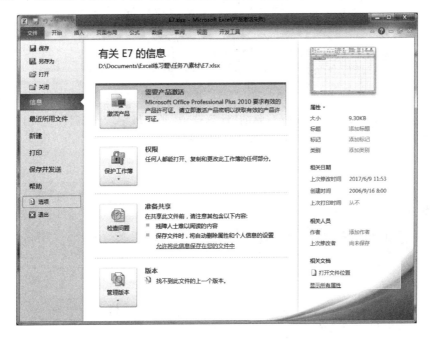

图 2-36　"选项"按钮

（3）在"Excel 选项"对话框中，单击"公式"选项，"Excel 选项"对话框如图 2-37 所示。

图 2-37 "Excel 选项"对话框

（4）在"Excel 选项"对话框右侧的"计算选项"子区域中勾选"启用迭代计算"。

（5）在"最多迭代次数"后输入题目要求的次数"30"。

（6）单击"确定"按钮,完成本题的操作。

任务 8

在工作表"海尔饮水机销售统计"中,追踪单元格 N8 的所有的公式引用。

解题步骤:

（1）单击工作表"海尔饮水机销售统计"中的"N8"单元格。

（2）单击"公式"选项卡。

（3）单击"公式审核"组中的"追踪引用单元格"按钮,"追踪引用单元格"按钮如图 2-38 所示。

（4）再单击"公式审核"组中的"追踪引用单元格"按钮,直到追踪完所有公式引用,完成本题操作。完成效果如图 2-39 所示。

图 2-38　"追踪引用单元格"按钮

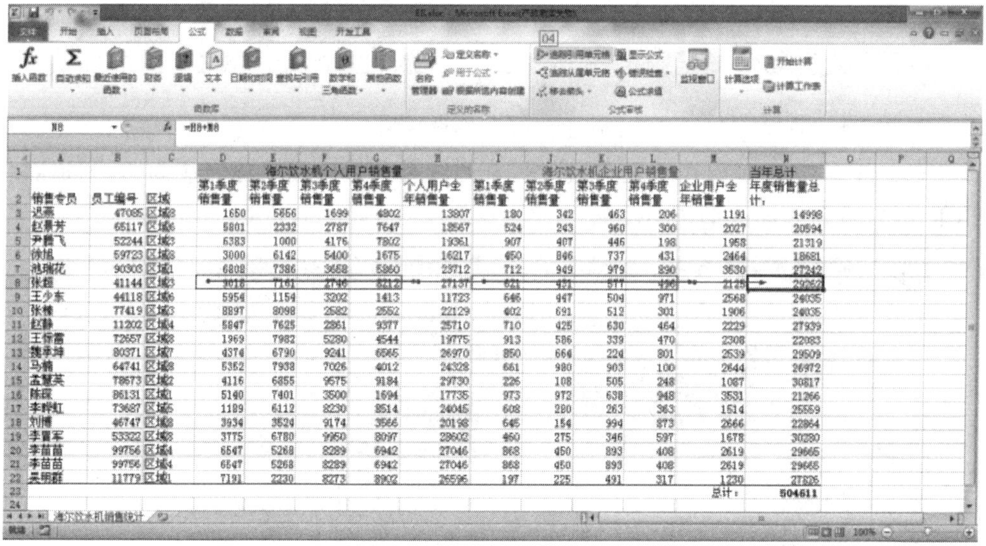

图 2-39　完成效果图

任务 9

在工作表"海尔饮水机销售统计"中,追踪不一致公式的所有公式引用。

解题步骤:

(1) 单击"公式"选项卡。

(2) 单击"公式审核"组中的"错误检查"按钮。

(3) 弹出"错误检查"对话框,在错误检查定位到错误单元格后,单击"公式审核"组中的"追踪引用单元格"按钮,"公式审核"组如图 2-40 所示。

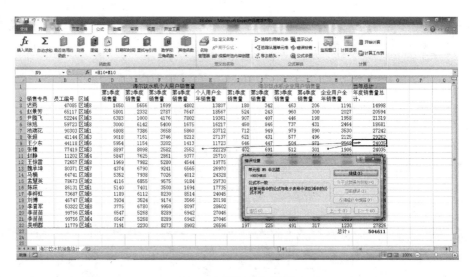

图 2-40 "公式审核"组

（4）再单击"追踪引用单元格"按钮，直到所有公式引用追逐完成为止。"追踪引用单元格"按钮如图 2-41 所示。

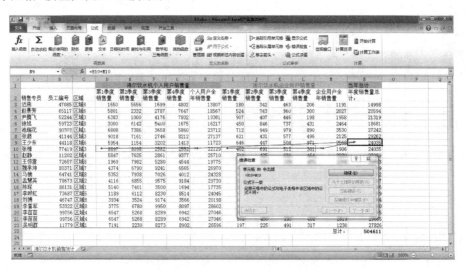

图 2-41 "追踪引用单元格"按钮

（5）单击"错误检查"对话框中的"继续"按钮。

（6）单击"下一个"按钮。"错误检查"对话框如图 2-42 所示。

（7）弹出"已完成对整个工作表的错误检查"对话框，单击"确定"按钮，完成本题的操作。"已完成对整个工作表的错误检查"对话框如图 2-43 所示。

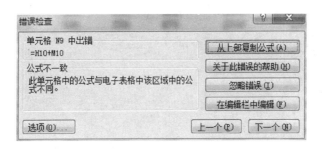

图 2-42　"错误检查"对话框

图 2-43　"已完成对整个工作表的错误检查"对话框

任务 10

在工作表"课程"中,使用"公式求值"工具,更正单元格 G5 中的错误。

解题步骤:

(1) 单击选中"课程"工作表中的"G5"单元格。

(2) 单击 G5 单元格旁的 ⟨!⟩ 按钮,选择"显示计算步骤"选项, ⟨!⟩ 按钮如图 2-44 所示。

图 2-44　⟨!⟩ 按钮

(3) 在"公式求值"对话框中找到错误位置,即文本框中带下划线的部分,对应公式中的"＄F＄4 ＊ B5","公式求值"对话框如图 2-45 所示。

图 2-45　"公式求值"对话框

（4）单击"关闭"按钮。

（5）在公式显示处，根据发现的错误对公式进行修改，改为"＄F＄3＊B5"。

（6）单击✔按钮，完成本题的操作。公式显示处如图 2-46 所示。完成效果如图 2-47 所示。

图 2-46　公式显示

图 2-47　完成效果

任务 11

　　将工作簿中名称为"_2009 年"、"_2010 年"和"_2011 年"的区域合并到新的工作表,并对其求和,起始单元格为 A1,在首行和最左列显示标签,并将新工作表命名为"汇总"。

解题步骤:

(1) 单击工作表底端显示表名标签栏中的"新建" 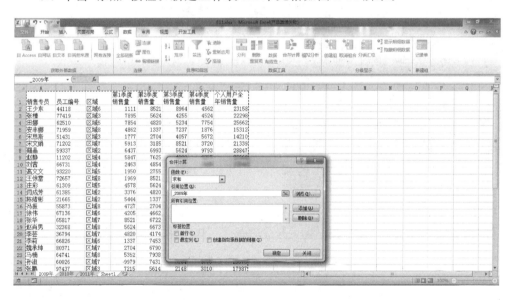按钮,新建一张工作表。

(2) 在表中选中 A1 单元格。

(3) 单击"数据"选项卡。

(4) 单击"数据工具"组中的"合并计算"按钮。

(5) 单击"合并计算"对话框中的"函数"下拉菜单,选择"求和"选项。

(6) 在"引用位置"下的文本框中输入题目要求的"_2009 年"。

(7) 单击"添加"按钮。新建工作表 A1 单元格如图 2-48 所示。

图 2-48　新建工作表 A1 单元格

(8) 同理,添加"_2010 年"和"_2011 年"。

(9) 勾选"首行"前的复选框。

(10) 勾选"最左列"前的复选框。

(11) 单击"确定"按钮。"合并计算"对话框如图 2-49 所示。

图 2-49 "合并计算"对话框

(12) 单击右键,新建工作表的标签。

(13) 单击"重命名"选项,"重命名"选项如图 2-50 所示。

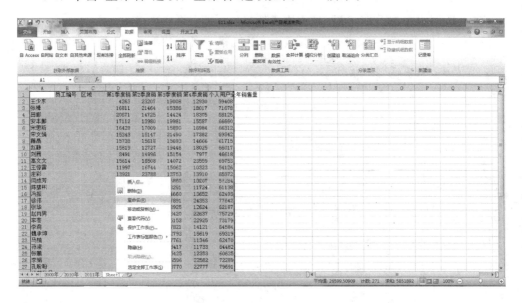

图 2-50 "重命名"选项

(14) 将名字改为题目要求的"汇总",完成本题的操作。完成效果如图 2-51 所示。

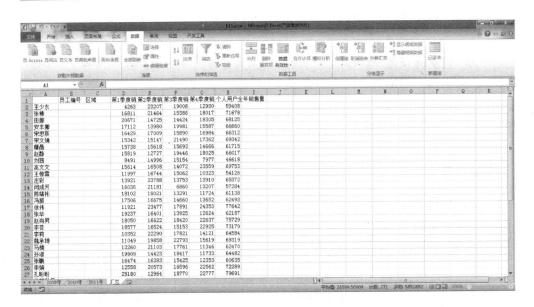

图 2-51　完成效果图

任务 12

创建并显示名为"预测目标"的方案，通过该方案可以将"去年销售金额(元)"的值更改为"660000"。

解题步骤：

（1）单击"数据"选项卡。

（2）单击"数据工具"组中"模拟分析"按钮。

（3）在"模拟分析"下拉菜单中，选择"方案管理器"选项。"模拟分析"下拉菜单如图 2-52 所示。

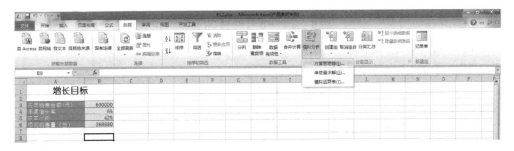

图 2-52　"模拟分析"下拉菜单

（4）在"方案管理器"对话框中单击"添加"按钮，"方案管理器"对话框如图 2-53 所示。

（5）在"添加方案"对话框中，"方案名"下文本框中输入题目要求的名字"预测目标"。"添加方案"对话框如图 2-54 所示。

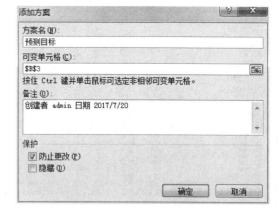

图 2-53　"方案管理器"对话框　　　　　图 2-54　"添加方案"对话框

（6）单击"可变单元格"下的文本框，选中工作表中的"去年销售金额（元）"单元格。

（7）单击"确定"按钮。

（8）将"方案变量值"对话框中的"请输入每个可变单元格的值"下文本框的值修改为题目要求的"660000"，"方案变量值"对话框如图 2-55 所示。

图 2-55　"方案变量值"对话框

（9）单击"确定"按钮。

（10）单击"方案管理器"中的"显示"按钮。

（11）单击"关闭"按钮，完成本题的操作。"关闭"按钮位置如图 2-56 所示。完成效果如图 2-57 所示。

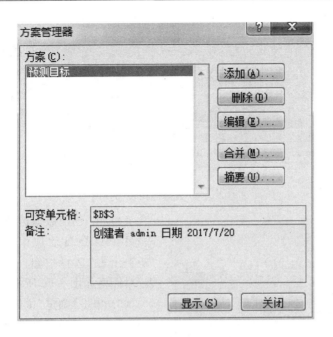

图 2-56　"关闭"按钮

图 2-57　完成效果

任务 13

在新工作表中创建数据透视表,该数据透视表的行标签为"发货城市",列标签为"订货数量",最大值项为"订单金额"。

解题步骤:

(1)单击选中工作表中的任意一个单元格。

(2)单击"插入"选项卡。

(3)单击"表格"组中的"数据透视表"选项,选择"数据透视表"选项,"数据透视表"选项如图 2-58 所示。

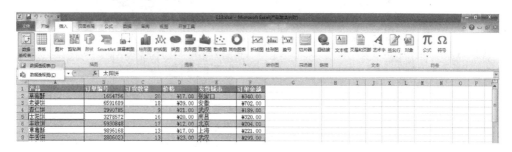

图 2-58　"数据透视表"选项

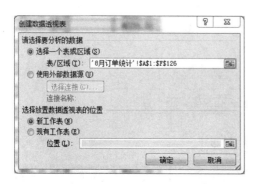

图 2-59　"创建数据透视表"对话框

（4）在"创建数据透视表"对话框中，Excel 工具会自动选中整个表格，单击"新工作表"选择按钮。"创建数据透视表"对话框如图 2-59 所示。

（5）单击"确定"按钮。

（6）在"数据透视表字段列表"的任务窗口中，右键单击"发货城市"，选择"添加到行标签"选项。

（7）在"数据透视表字段列表"的任务窗口中，右键单击"订货数量"，选择"添加到列标签"选项。

（8）在"数据透视表字段列表"的任务窗口中，右键单击"订单金额"，选择"添加到值"选项。"数据透视表字段列表"任务窗口如图 2-60 所示。

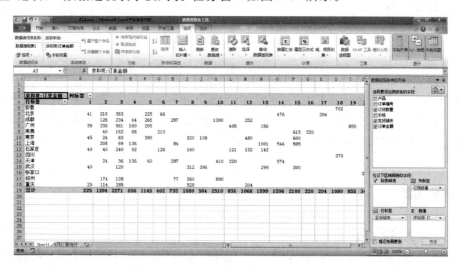

图 2-60　"数据透视表字段列表"任务窗口

（9）在"数据透视表字段列表"任务窗口中的"数值"子区域中，单击"求和项"下拉菜单，选择"值字段设置"选项。

（10）在"值字段设置"对话框中的"选择用于汇总所选字段数据的计算类型"下拉菜单中选择"最大值"选项。"值字段设置"对话框如图 2-61 所示。

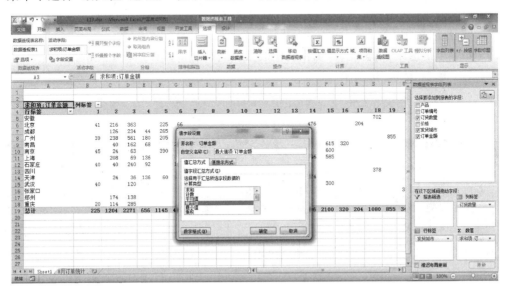

图 2-61　"值字段设置"对话框

（11）单击"确定"按钮，完成本题的操作。完成效果如图 2-62 所示。

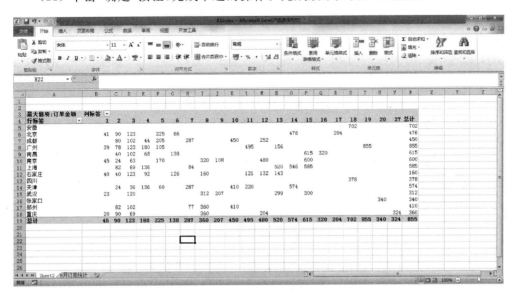

图 2-62　完成效果图

任务 14

　　在工作表"销售统计"中,插入切片器,以便数据透视表显示"订货数量"和"价格"。

解题步骤:

(1) 单击选中"销售统计"工作表中的数据透视表中任意一个单元格。

(2) 单击"选项"选项卡。

(3) 单击"排序和筛选"组中的"插入切片器"选项,选择"插入切片器","插入切片器"选项如图 2-63 所示。

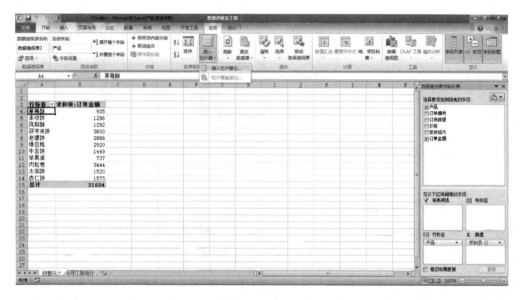

图 2-63　"插入切片器"选项

　　(4) 在"插入切片器"对话框中勾选"订货数量"。"插入切片器"对话框如图 2-64 所示。

　　(5) 在"插入切片器"对话框中勾选"价格"。

　　(6) 单击"确定"按钮,完成本题操作。完成效果如图 2-65 所示。

图 2-64　"插入切片器"对话框

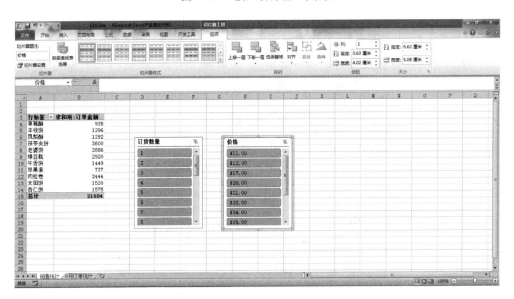

图 2-65　完成效果图

任务 15

在工作表"海尔公司产品销售统计"中,创建数据透视图,以按照"销售专员"显示在"区域 1"中每个季度的电视机的销售量。将"区域"作为报表筛选,将"销售人员"作为轴字段,并将生成的"数据透视图"放入新的工作表中。

解题步骤:

(1)单击"插入"选项卡,"插入"选项卡如图 2-66 所示。

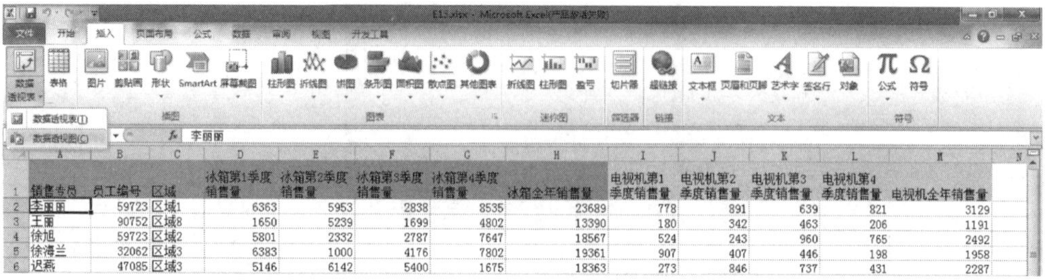

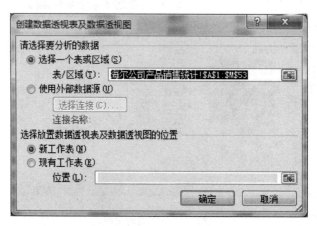

图 2-66 "插入"选项卡

(2)单击"表格"组中的"数据透视表"选项中的"数据透视图"选项。

(3)在"创建数据透视表及数据透视图"对话框中单击"确定"按钮,"创建数据透视表及数据透视图"对话框如图 2-67 所示。

图 2-67 "创建数据透视表及数据透视图"对话框

(4)在"选择要添加到报表的字段"的任务栏中,右键单击"区域"选项,选择"添加到报表筛选"。

(5)在"选择要添加到报表的字段"的任务栏中,右键单击"销售专员"选项,选择

"添加到轴字段"。

（6）在"选择要添加到报表的字段"的任务栏中，右键单击"电视机第 1 季度销售量"选项，选择"添加到值"。"选择要添加到报表的字段"的任务栏如图 2-68 所示。

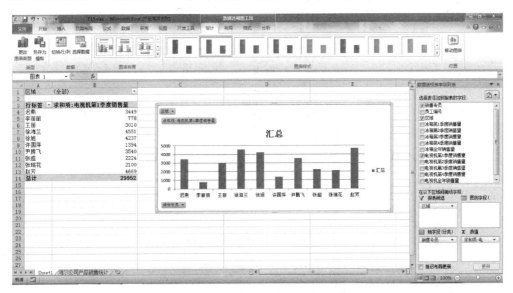

图 2-68　"选择要添加到报表的字段"的任务栏

（7）再次在"数据透视表字段列表"任务窗口下的"选择要添加到报表的字段"任务栏中，右键单击"电视机第 2 季度销售量"选项，选择"添加到值"，以此类推，将 4 个季度电视机的销售量都添加到值。"数据透视表字段列表"的任务窗口如图 2-69 所示。

（8）单击"数据透视图"中的"区域"按钮。

（9）在"区域"下拉菜单中单击"区域 1"选项，"区域"下拉菜单如图 2-70 所示。

（10）单击"确定"按钮。

（11）单击"设计"选项卡。

（12）单击"位置"组中的"移动图表"按钮。

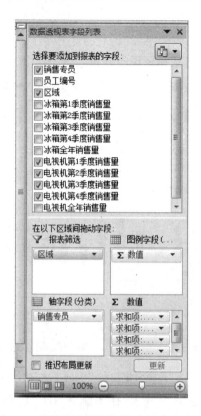

图 2-69 "数据透视表字段列表"任务窗口

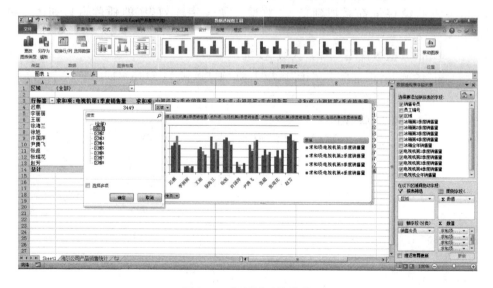

图 2-70 "区域"下拉菜单

（13）在"移动图表"对话框中，单击选中"新工作表"单选按钮。"移动图表"对话框如图 2-71 所示。

图 2-71　"移动图表"对话框

（14）单击"确定"按钮，完成本题的操作。完成效果如图 2-72 所示。

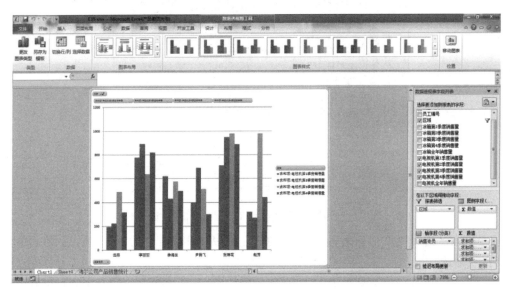

图 2-72　完成效果

任务 16

在"图书统计"工作表中，创建数据透视图，按照"书名"显示在仓库 2 中的"西南"、"华中"、"华南"和"华北"类别的销售金额。将"仓库"作为报表筛选，将"书名"作为轴字段，并将数据透视图放入新的工作表中。

解题步骤：

（1）单击"插入"选项卡。

（2）单击"表格"组中的"数据透视表"选项中的"数据透视图"选项，"数据透视图"选项如图 2-73 所示。

图 2-73　"数据透视表"选项

（3）在"创建数据透视表及数据透视图"对话框中单击"确定"按钮，"创建数据透视表及数据透视图"对话框如图 2-74 所示。

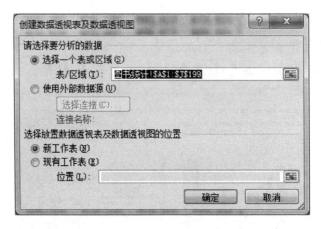

图 2-74　"创建数据透视表及数据透视图"对话框

（4）在"选择要添加到报表的字段"的任务栏中，右键单击"仓库"选项，选择"添加到报表筛选"。

（5）在"选择要添加到报表的字段"的任务栏中，右键单击"书名"选项，选择"添加到轴字段"。

（6）在"选择要添加到报表的字段"的任务栏中，右键单击"西南"选项，选择"添加到值"。"选择要添加到报表的字段"的任务栏如图 2-75 所示。

（7）再次在"数据透视表字段列表"任务窗口下的"选择要添加到报表的字段"任务栏中，右键单击"华中"、"华南"和"华北"选项，分别选择"添加到值"，以此类推，将这三个区域销售金额都添加到值。"数据透视表字段列表"任务窗口如图 2-76 所示。

（8）单击"数据透视图"中的"仓库"按钮。

（9）在"仓库"下拉菜单中单击"仓库 2"选项，"仓库"下拉菜单如图 2-77 所示。

（10）单击"确定"按钮。

（11）单击"设计"选项卡，单击"位置"组中的"移动图表"按钮。

（12）在"移动图表"对话框中，单击选中"新工作表"单选按钮。"移动图表"对话框如图 2-78 所示。

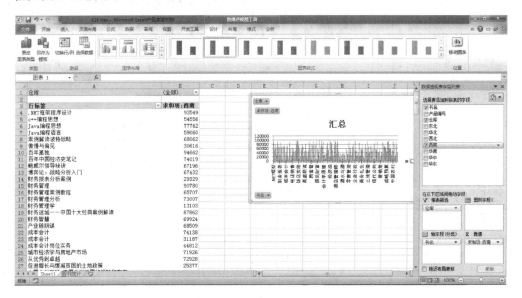

图 2-75 "选择要添加到报表的字段"任务栏

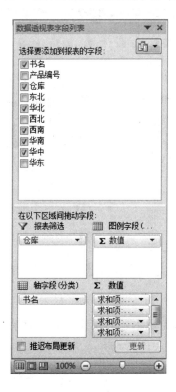

图 2-76 "数据透视表字段列表"任务窗口

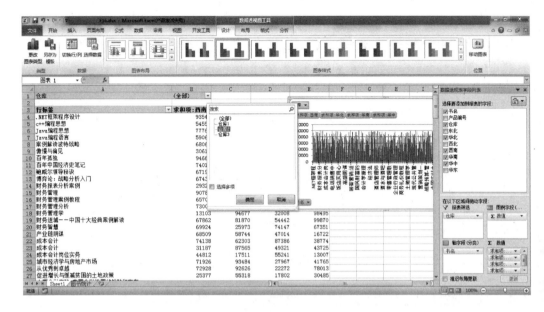

图 2-77 "区域"下拉菜单

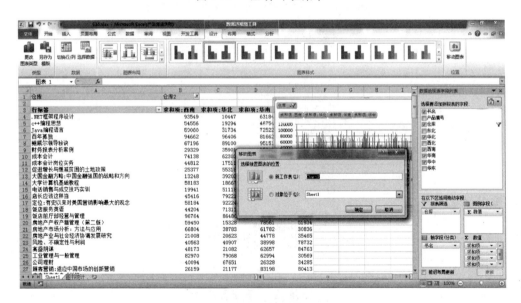

图 2-78 "移动图表"对话框

（13）单击"确定"按钮，完成本题的操作。完成效果如图 2-79 所示。

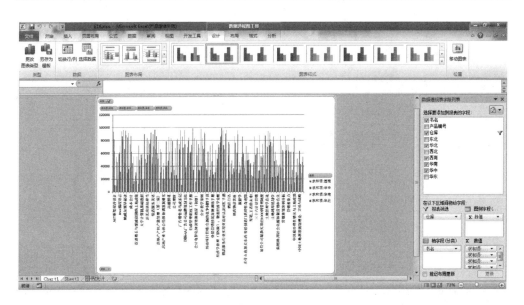

图 2-79　完成效果图

任务 17

　　在工作表"产品销售统计"中,将图表样式更改为"样式 8",并添加"紫色,强调文字颜色 4,淡色 80％"的形状填充。将图表保存为图表模板,名称为"新"。

解题步骤:

(1) 单击选中工作表"产品销售统计"中的图表。

(2) 单击"设计"选项卡。

(3) 在"图表样式"组中,选择"样式 8","图表样式"组如图 2-80 所示。

(4) 单击"格式"选项卡。

(5) 单击"形状样式"组中的"形状填充"按钮,选择"紫色,强调文字颜色 4,淡色 80％"。"形状填充"按钮如图 2-81 所示。

(6) 单击"设计"选项卡。

(7) 单击"类型"组中的"另存为模板"按钮。

(8) 在"保存图表模板"对话框中,"文件名"后的文本框中输入题目要求的"新"。"保存图表模板"对话框如图 2-82 所示。

(9) 单击"保存"按钮,完成本题的操作。

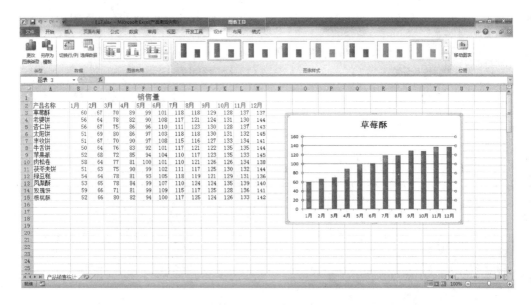

图 2-80 "图表样式"组

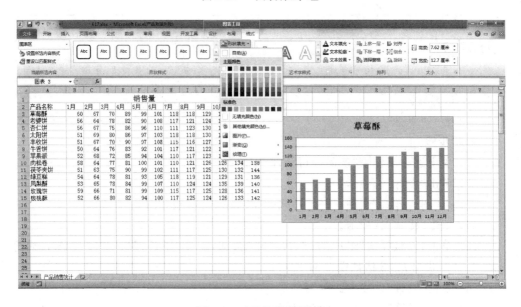

图 2-81 "形状填充"按钮

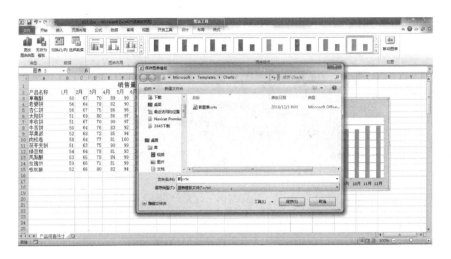

图 2-82　"保存图表模板"对话框

任务 18

在工作表"海尔冰箱销售统计"中,修复表格的数据源,以便使柱形图包含"华东"一行的数据。

解题步骤:

(1) 单击选中"海尔冰箱销售统计"工作表中的图表。

(2) 单击"设计"选项卡。

(3) 单击"数据"组中的"选择数据"按钮,"选择数据"按钮如图 2-83 所示。

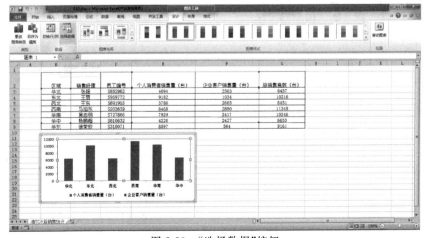

图 2-83　"选择数据"按钮

（4）在"选择数据源"对话框中，单击"图表数据区域"后的"返回" 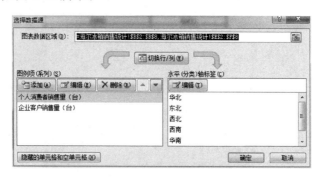 按钮。"选择数据源"对话框如图 2-84 所示。

图 2-84　"选择数据源"对话框

（5）在表中重新选择数据，把"华东"的数据包括进来（选中区域一列后，按住键盘上的 Ctrl 键，再选"个人消费者销售量"、"企业客户销售量"列数据）。重新选择数据操作如图 2-85 所示。

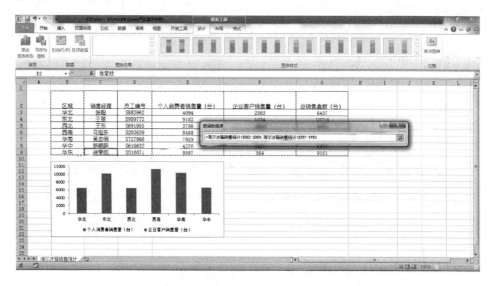

图 2-85　重新选择数据操作

（6）单击"返回" 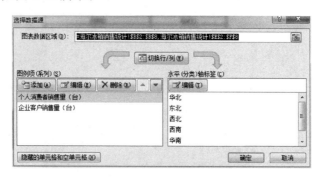 按钮。

（7）单击"确定"按钮，完成本题的操作。"确定"按钮如图 2-86 所示。完成效果如图 2-87 所示。

图 2-86　"确定"按钮

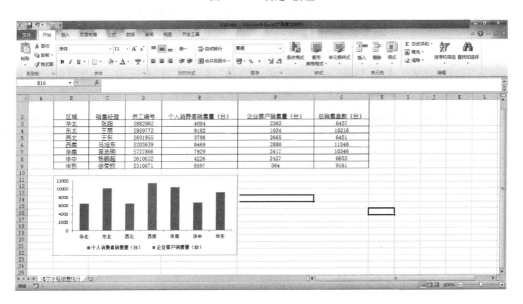

图 2-87　完成效果

任务 19

在工作表"糕点销售记录"中,向"肉松卷"图表添加多项式趋势线,该趋势线使用顺序 5,并且预测趋势前推 3 个周期。

解题步骤:

(1) 单击选中工作表"糕点销售记录"中的"肉松卷"图表。

(2) 单击"布局"选项卡。

(3) 单击"分析"组中的"趋势线"选项。

(4) 在"趋势线"的下拉菜单中选择"其他趋势线选项"。"趋势线"下拉菜单如图

2-88 所示。

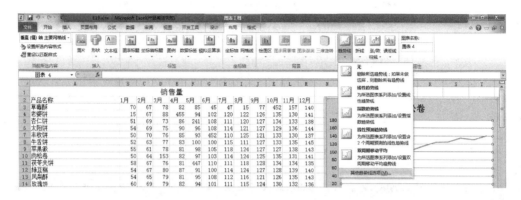

图 2-88　"趋势线"下拉菜单

（5）在"设置趋势线格式"对话框中单击选择"多项式"单选按钮。"设置趋势线格式"对话框如图 2-89 所示。

图 2-89　"设置趋势线格式"对话框

（6）在"多项式"单选按钮后的"顺序"文本框中输入题目要求的"5"。

（7）在"前推"后的文本框中输入题目要求的"3"。

（8）单击"关闭"按钮，完成本题的操作，完成效果如图 2-90 所示。

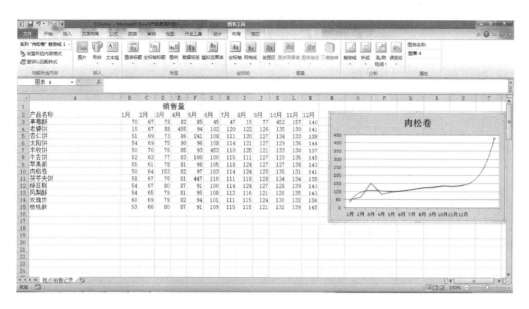

图 2-90　完成效果图

任务 20

　　在工作表"Sheet1"中,创建将"列宽"设置为"25"的单元格,并对单元格的内容应用"居中"对齐格式的宏。将宏命名为"格式",并将其仅保存在当前工作簿中(注意:接受其他的所有默认设置)。

解题步骤:

(1) 单击"开发工具"选项卡。

(2) 单击"代码"组中的"录制宏"按钮。

(3) 在"录制新宏"对话框中的"宏名"下文本框中输入题目要求的"格式"。"录制新宏"对话框如图 2-91 所示。

(4) 单击"确定"按钮。

(5) 单击"开始"选项卡。

(6) 单击"单元格"组中的"格式"选项。

(7) 在"格式"下拉菜单中选择"列宽"选项,"格式"下拉菜单如图 2-92 所示。

图 2-91 "录制新宏"对话框

图 2-92 "格式"下拉菜单

（8）在"列宽"对话框中输入题目要求的"25"，"列宽"
对话框如图 2-93 所示。

（9）单击"确定"按钮。

（10）单击"对齐方式"组中的"居中"按钮，"居中"按
钮如图 2-94 所示。

图 2-93 "列宽"对话框

（11）单击"开发工具"选项卡，"开发工具"选项卡如
图 2-95 所示。

（12）单击"代码"组中的"停止录制"按钮，完成本题操作。

图 2-94 "居中"按钮

图 2-95 "开发工具"选项卡

第3章　PowerPoint 2010

解题步骤：

（1）单击选择演示文稿中第 1 张节标题幻灯片。

（2）单击右键，在弹出的菜单栏中选择"删除幻灯片"选项，"删除幻灯片"选项如图 3-1 所示。

图 3-1　"删除幻灯片"选项

（3）单击选择演示文稿中的第 2 张节标题幻灯片。

（4）单击右键，在弹出的菜单栏中选择"删除幻灯片"选项，完成本题操作。删除第 2 张节标题幻灯片的操作如图 3-2 所示。

图 3-2　删除第 2 张节标题幻灯片

任务 2

修改演示文稿中的第 2 张幻灯片上的音频剪辑，使其跨幻灯片播放。

解题步骤：

（1）在幻灯片索引标签栏中单击，选中第 2 张幻灯片。

（2）在幻灯片中单击，选中音频剪辑图标，音频剪辑图标如图 3-3 所示。

图 3-3　音频剪辑图标

（3）单击"播放"选项卡。

（4）在"音频选项"中单击"开始"下拉菜单，选择"跨幻灯片播放"选项，完成本题操作。"开始"下拉菜单如图 3-4 所示。

图 3-4　"开始"下拉菜单

任务 3

在第 3 张幻灯片上，将 SmartArt 图修改为使用"表层次结构"布局。

解题步骤：

（1）在幻灯片索引标签栏中单击，选择第 3 张幻灯片。

（2）单击第 3 张幻灯片中的 SmartArt 图。

（3）单击"设计"选项卡，"设计"选项卡如图 3-5 所示。

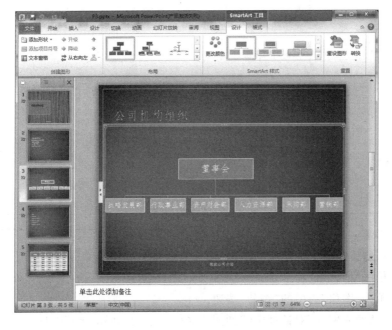

图 3-5　"设计"选项卡

（4）在"布局"组中单击"其他"按钮 ，"布局"组如图 3-6 所示。

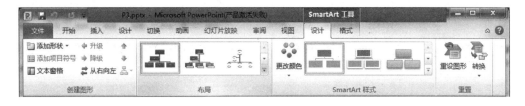

图 3-6 "布局"组

（5）在"其他"下拉菜单中单击,选择"表层次结构"(将鼠标移动到布局结构图中会显示其类型名),完成本题操作。"其他"下拉菜单如图 3-7 所示。

图 3-7 "其他"下拉菜单

任务 4

在第 2 张幻灯片中插入"图片"文件夹中的"微软.jpg"图片,使其置于底层。

解题步骤:

（1）在幻灯片索引标签栏中单击,选择第 2 张幻灯片。

（2）单击"插入"选项卡。

（3）单击"图像"组中的"图片"按钮。

（4）在"插入图片"对话框中找到图片文件夹中的"微软.jpg"图片。

（5）在"插入图片"对话框中单击"插入"按钮,"插入图片"对话框如图 3-8 所示。

图 3-8　"插入图片"对话框

（6）单击"格式"选项卡。

（7）单击"排列"组中的"下移一层"按钮。

（8）在下拉菜单中选择"置于底层"选项，完成本题操作。"置于底层"选项如图 3-9 所示。

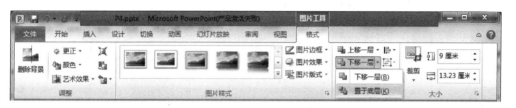

图 3-9　"置于底层"选项

任务5

以幻灯片放映的形式浏览演示文稿。切换到名为"通过认证的优势"幻灯片，用笔工具选第2条优势文本。结束放映，保存注释。

解题步骤：

（1）单击"幻灯片放映"选项卡。

（2）单击"开始放映幻灯片"组中的"从头开始"按钮，"从头开始"按钮如图3-10所示。

图3-10 "从头开始"按钮

（3）连续单击鼠标或按键盘上的向下箭头，直到"通过认证优势"的幻灯片，单击鼠标右键，在弹出的菜单中选择"指针选项"按钮。

（4）在"指针选项"菜单中单击，选择"笔"工具，"指针选项"菜单如图3-11所示。

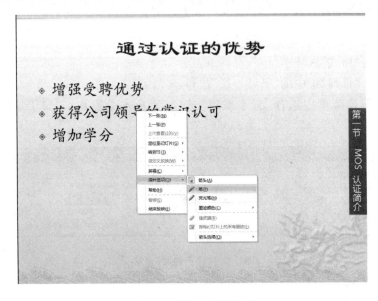

图3-11 "指针选项"菜单

（5）圈出第 2 条优势文本,第 2 条优势文本如图 3-12 所示。

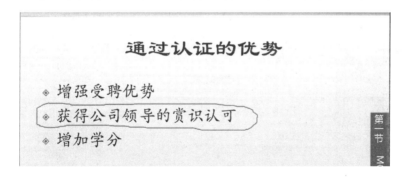

图 3-12　第 2 条优势文本

（6）连续单击鼠标或按键盘上的向下箭头直到放映结束,在"是否保留墨迹注释?"对话框中单击"保留"按钮,完成本题操作。"是否保留墨迹注释?"对话框如图 3-13 所示。

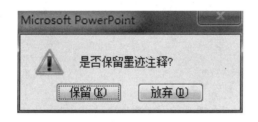

图 3-13　"是否保留墨迹注释?"对话框

任务 6

在第 6 张幻灯片中,将第 5 个动画的"持续时间"设置为 0.5 秒,并将动画设置为"中央向上下展开"。

解题步骤:

（1）在幻灯片索引标签中单击选择第 6 张幻灯片。

（2）单击"动画"选项卡。

（3）单击"高级动画"组中的"动画窗格"按钮。

（4）单击"动画窗格"中的第 5 个动画,"动画窗格"任务窗口如图 3-14 所示。

（5）单击"动画"组中的"效果选项"按钮。

（6）在"效果选项"下拉菜单中选择"中央向上下展开"选项,完成本题操作。"效果选项"下拉菜单如图 3-15 所示。

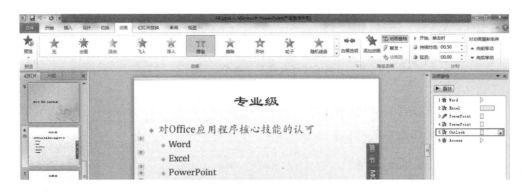

图 3-14　"动画窗格"任务窗口

图 3-15　"效果选项"下拉菜单

任务 7

　　在第 3 张幻灯片上,对带项目符号的列表执行以下修改操作:取消项目符号,文本两端对齐,并将行距调整为 1.5 倍。

解题步骤:

　　(1) 在幻灯片索引标签中单击,选择第 3 张幻灯片。

　　(2) 用鼠标拖曳选中幻灯片中所有带项目符号的文字。

　　(3) 单击"开始"选项卡,"开始"选项卡如图 3-16 所示。

　　(4) 单击"段落"组中的"项目符号"按钮,在其下拉菜单中选择"无"选项,"项目符号"下拉菜单如图 3-17 所示。

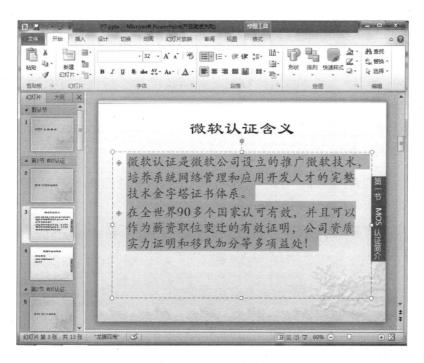

图 3-16 "开始"选项卡

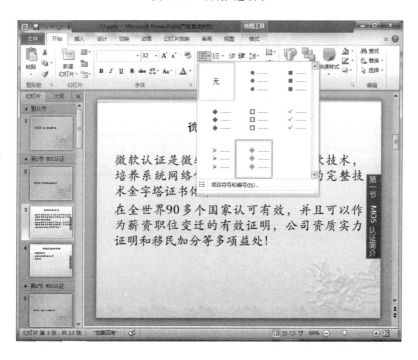

图 3-17 "项目符号"下拉菜单

（5）单击"段落"组中的"两端对齐"按钮，"两端对齐"按钮如图 3-18 所示。

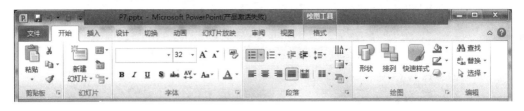

图 3-18　"两端对齐"按钮

（6）单击"段落"组中的"行距"按钮，在其下拉菜单中选择"1.5"选项，完成本题操作。"行距"下拉菜单如图 3-19 所示。

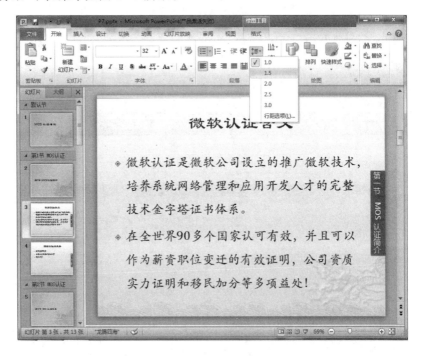

图 3-19　"行距"下拉菜单

任务 8

在幻灯片 6 上，对绘图区应用花束纹理。

解题步骤：

（1）在幻灯片索引标签中单击，选择第 6 张幻灯片。

（2）单击选中幻灯片中的图表。

（3）单击"布局"选项卡。

（4）单击"背景"组中的"绘图区"按钮。

（5）在"绘图区"下拉菜单中选择"其他绘图区选项"，"绘图区"下拉菜单如图 3-20 所示。

（6）在"设置绘图区格式"对话框中选择"填充"选项。

（7）在"设置绘图区格式"对话框中单击"图片或纹理填充"单选按钮。

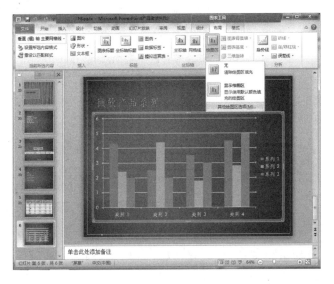

图 3-20　"绘图区"下拉菜单

（8）单击"纹理"下拉菜单，选择"花束"选项。"纹理"下拉菜单如图 3-21 所示。

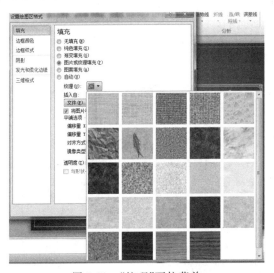

图 3-21　"纹理"下拉菜单

（9）在"设置绘图区格式"对话框中单击"关闭"按钮，完成本题操作。"设置绘图区格式"对话框如图 3-22 所示。

图 3-22　"设置绘图区格式"对话框

任务9

　　将演示文稿的主题更改为"气流"，然后将主题颜色更改为"华丽"，主题字体更改为"沉稳"。

解题步骤：

（1）单击"设计"选项卡。

（2）单击"主题"组中的"其他"按钮，选择"气流"选项，"气流"选项如图 3-23 所示。

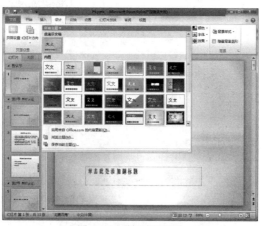

图 3-23　"气流"选项

（3）单击"主题"组中的"颜色"按钮，在下拉菜单中选择"华丽"选项，"颜色"下拉菜单如图 3-24 所示。

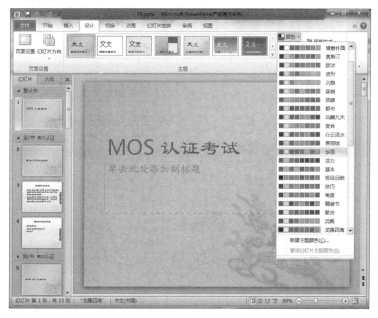

图 3-24　"颜色"下拉菜单

（4）单击"主题"组中的"字体"按钮，在下拉菜单中选择"沉稳"选项，完成本题操作。"字体"下拉菜单如图 3-25 所示。

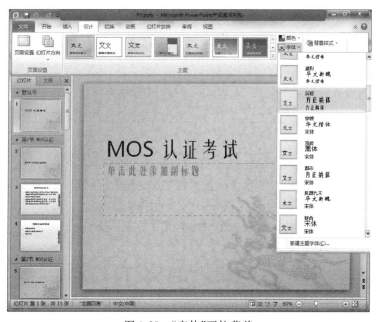

图 3-25　"字体"下拉菜单

任务 10

　　在新建窗口中显示当前演示文稿，并将窗口层叠显示。

解题步骤：

（1）单击"视图"选项卡。

（2）单击"窗口"组中的"新建窗口"按钮，"新建窗口"按钮如图 3-26 所示。

图 3-26　"新建窗口"按钮

（3）单击"视图"选项卡。

（4）单击"窗口"组中的"层叠"按钮，完成本题操作。"层叠"按钮如图 3-27 所示。

图 3-27　"层叠"按钮

任务 11

　　设置幻灯片选项，使每张幻灯片在 8 秒后自动切换。

解题步骤：

（1）单击"切换"选项卡，"切换"选项卡如图 3-28 所示。

（2）勾选"计时"组中的"设置自动换片时间"复选框。

（3）将"设置自动换片时间"复选框后的时间修改为"8 秒"。

（4）单击"计时"组中的"全部应用"按钮，完成本题操作。

图 3-28　"切换"选项卡

任务 12

　　在幻灯片 2 中,插入批注"2017 年 6 月修改"。

解题步骤:

(1) 在幻灯片索引标签中单击,选择第 2 张幻灯片。

(2) 单击"审阅"选项卡。

(3) 单击"批注"组中的"新建批注"按钮,"新建批注"按钮如图 3-29 所示。

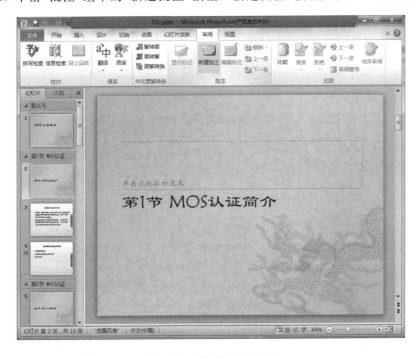

图 3-29　"新建批注"按钮

　　(4) 在批注文本框中输入题目要求的"2017 年 6 月修改",批注文本框如图 3-30 所示。

图 3-30　批注文本框

（5）单击幻灯片空白处，完成本题操作。

任务 13

在幻灯片 1 中，删除所有批注。

解题步骤：

（1）单击幻灯片标签栏中的第 1 张幻灯片。

（2）单击"审阅"选项卡。

（3）单击"批注"组中的"删除"按钮，在下拉菜单中选择"删除当前幻灯片中的所有标记"选项，完成本题操作。"删除当前幻灯片中的所有标记"选项如图 3-31 所示。

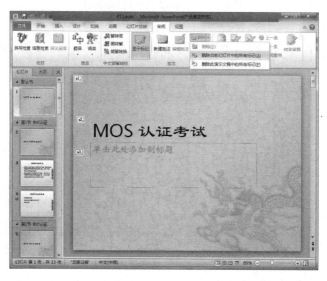

图 3-31　"删除当前幻灯片中的所有标记"选项

任务 14

在幻灯片 6 中,对"微软产品系列"图表中应用图表"样式 28"。

解题步骤:

(1) 在幻灯片索引导航栏中单击,选择第 6 张幻灯片。

(2) 单击选中的第 6 张幻灯片中的"微软产品系列"图表。

(3) 单击"设计"选项卡,"设计"选项卡如图 3-32 所示。

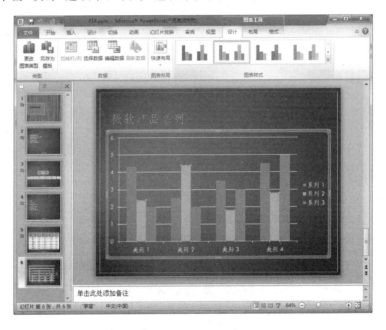

图 3-32 "设计"选项卡

(4) 单击"图表样式"组中的"其他"按钮。

(5) 在"其他"下拉菜单中选择"样式 28",完成本题操作。"其他"下拉菜单如图 3-33 所示。

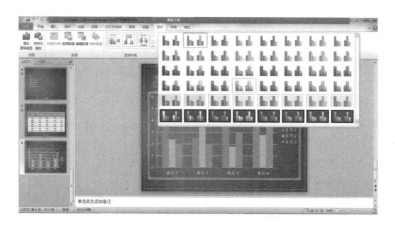

图 3-33　"其他"下拉菜单

任务 15

　　在幻灯片 2 中,对图片应用"透明阴影,白色"样式。

解题步骤:

(1) 在幻灯片索引标签栏中单击,选择第 2 张幻灯片。

(2) 单击选中幻灯片中的图片。

(3) 单击"格式"选项卡,"格式"选项卡如图 3-34 所示。

图 3-34　"格式"选项卡

（4）单击"图片样式"组中的"其他"按钮。

（5）在"其他格式"下拉菜单中选择"透明阴影，白色"选项，完成本题操作。"其他格式"下拉菜单如图 3-35 所示。

图 3-35　"其他格式"下拉菜单

解题步骤：

（1）在幻灯片索引标签栏中单击，选中第 2 张幻灯片。

（2）在第 2 张幻灯片中选中文字"第 1 节 MOS 认证简介"。

（3）单击"动画"选项卡。

（4）单击"高级动画"组中的"添加动画"按钮。

（5）在"添加动画"下拉菜单中单击，选择"更多进入效果"选项。"添加动画"下拉菜单如图 3-36 所示。

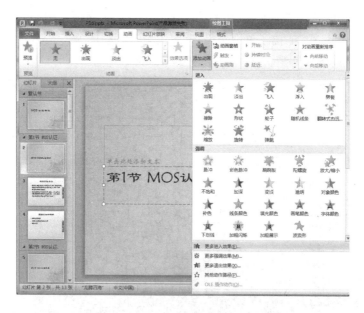

图 3-36 "添加动画"下拉菜单

(6)在"添加进入效果"对话框中选择"弹跳"选项,"添加进入效果"对话框如图 3-37 所示。

图 3-37 "添加进入效果"对话框

(7)单击"确定"按钮,完成本题操作。

任务 17

对幻灯片 3 和 6 应用切换声音"微风"。

解题步骤：

（1）在幻灯片索引标签栏中单击，选中第 3 张幻灯片，按住键盘中的 Ctrl 键不放。

（2）在幻灯片索引标签栏中单击，选中第 6 张幻灯片，松开键盘中的 Ctrl 键。

（3）单击"切换"按钮。

（4）单击"计时"组中的"声音"下拉菜单，选择"微风"选项，完成本题操作。"声音"下拉菜单如图 3-38 所示。

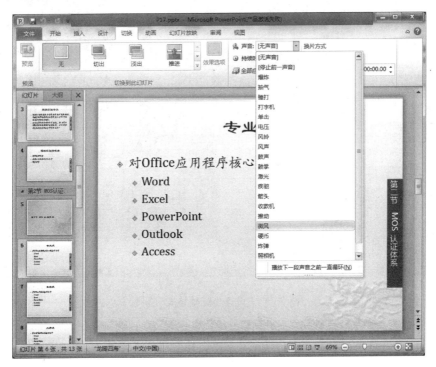

图 3-38　"声音"下拉菜单

任务 18

在幻灯片 6 中，将图表的纵坐标以 2 为单位从 0 延伸到 25。

解题步骤:

(1)在幻灯片索引标签栏中单击,选中第6张幻灯片。

(2)在图表的纵坐标处单击鼠标右键。

(3)在弹出的任务栏中,选择"设置坐标轴格式","设置坐标轴格式"选项如图 3-39 所示。

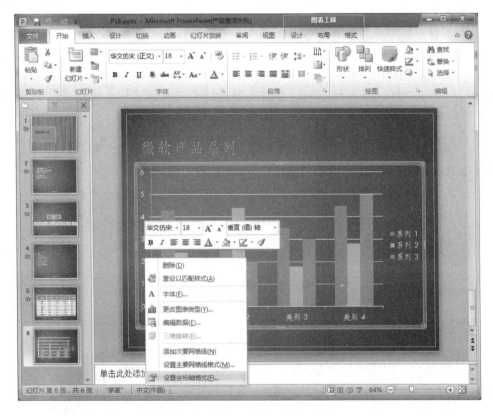

图 3-39 "设置坐标轴格式"选项

(4)单击"设置坐标轴格式"对话框中的"坐标轴选项"选项卡。

(5)在"设置坐标轴格式"对话框中的"坐标轴选项"区域中,单击"最大值"后的"固定"单选按钮。

(6)在"固定"后的文本框中输入题目要求的"25"。

(7)在"设置坐标轴格式"对话框中的"坐标轴选项"区域中,单击"主要刻度单位"后的"固定"单选按钮。"设置坐标轴格式"对话框如图 3-40 所示。

(8)在"固定"后的文本框中输入题目要求的"2"。

(9)单击"关闭"按钮,完成本题操作。

图 3-40　"设置坐标轴格式"对话框

任务 19

　　在幻灯片 3 上,从公司组织结构 SmartArt 图形中删除楔形"战略发展部"、"人力资源部",将剩余的重新标示为"董事会"。

解题步骤:

(1) 在幻灯片索引标签栏中单击,选择第 3 张幻灯片。

(2) 单击第 3 张幻灯片中的 SmartArt 图形中的"战略发展部"部分,按键盘中的 Delete 键,将其删除。SmartArt 图形中的"战略发展部"部分如图 3-41 所示。

(3) 单击第 3 张幻灯片中的 SmartArt 图形中的"人力资源部"部分,按键盘中的 Delete 键,将其删除。SmartArt 图形中的"人力资源部"部分如图 3-42 所示。

(4) 单击选中剩余图形中的文字标示区,输入题目要求的"董事会",完成本题操作。SmartArt 图形中的"董事会"部分如图 3-43 所示。

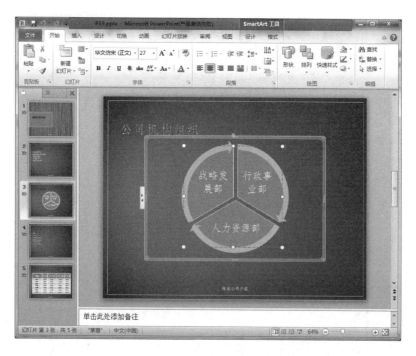

图 3-41　SmartArt 图形中的"战略发展部"部分

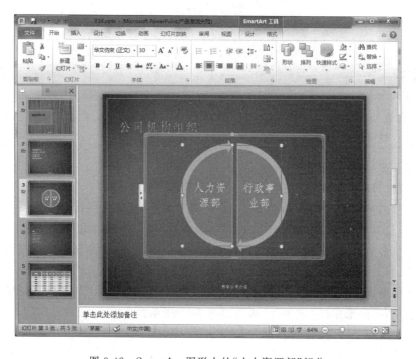

图 3-42　SmartArt 图形中的"人力资源部"部分

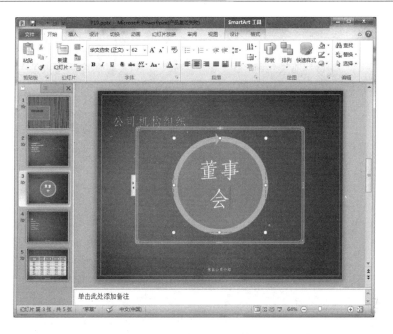

图 3-43　SmartArt 图形中的"董事会"部分

任务 20

　　根据以下的标准编辑相册：全色显示所有图片，将相册列表中的第 3 张图片"松鼠"重新排序，以显示在图片"兔"的下方，每张幻灯片显示 2 张图片，对图片应用"圆角矩形"相框（注意：接受所有其他的默认设置）。

解题步骤：

（1）单击"插入"选项卡。

（2）单击"图像"组中的"相册"按钮。

（3）在"相册"下拉菜单中单击，选择"编辑相册"选项。"相册"下拉菜单如图 3-44 所示。

图 3-44　"相册"下拉菜单

（4）在"编辑相册"对话框中取消"所有图片以黑白方式显示"复选框，"编辑相册"对话框如图 3-45 所示。

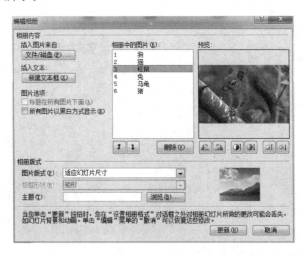

图 3-45　"编辑相册"对话框

（5）在"相册中的图片"列表框中单击，选中"松鼠"图片。

（6）单击"向下移动顺序"按钮。

（7）单击"图片版式"下拉菜单，从中选择"2 张图片"选项。

（8）在"相框形状"下拉菜单中选择"圆角矩形"选项。

（9）单击"更新"按钮，完成本题操作。设置"相册版式"操作如图 3-46 所示。

图 3-46　设置"相册版式"

任务 21

在幻灯片浏览视图中，以 50% 的大小比例显示所有幻灯片。

解题步骤：

（1）单击"视图"选项卡。

（2）单击"演示文稿视图"组中的"幻灯片浏览"按钮，"幻灯片浏览"按钮如图 3-47 所示。

图 3-47 "幻灯片浏览"按钮

（3）单击"显示比例"组中的"显示比例"按钮，"显示比例"按钮如图 3-48 所示。

图 3-48 "显示比例"按钮

（4）在"显示比例"对话框中单击"50%"单选按钮，"显示比例"对话框如图 3-49 所示。

图 3-49 "显示比例"对话框

（5）单击"确定"按钮，完成本题操作。

任务 22

自定义创建一个仅包含 2、3、4 的、名为"重点"的幻灯片放映。

解题步骤：

（1）单击"幻灯片放映"选项卡。

（2）单击"开始放映幻灯片"组中的"自定义幻灯片放映"按钮，在下拉菜单中单击"自定义放映"选项。"自定义幻灯片放映"下拉菜单如图 3-50 所示。

图 3-50 "自定义幻灯片放映"下拉菜单

（3）在"自定义放映"对话框中，单击"新建"按钮，"自定义放映"对话框如图 3-51 所示。

图 3-51 "自定义放映"对话框

（4）在"定义自定义放映"对话框中的"幻灯片放映名称"后的文本框中，输入题目要求的"重点"。"定义自定义放映"对话框如图 3-52 所示。

（5）在"在演示文稿中的幻灯片"列表中单击，选择第 2 张幻灯片，按住键盘上的 Ctrl 键，复选第 3、4 张幻灯片。

（6）单击"添加"按钮。

（7）单击"确定"按钮。"定义自定义放映"对话框中的"确定"按钮位置如图 3-53 所示。

图 3-52 "定义自定义放映"对话框

（8）在"自定义放映"对话框中单击"关闭"按钮,完成本题操作。"自定义放映"对话框中的"关闭"按钮位置如图 3-54 所示。

图 3-53 "定义自定义放映"对话框中的"确定"按钮　　图 3-54 "自定义放映"对话框中的"关闭"按钮

任务 **23**

使用键入时检查拼写选项。

解题步骤：

（1）单击"文件"选项卡。

（2）在左侧导航栏中单击"选项"选项,"选项"选项如图 3-55 所示。

（3）在"PowerPoint 选项"对话框中,单击"校对"选项,"PowerPoint 选项"对话框如图 3-56所示。

（4）勾选在"校对"任务窗口中的"在 PowerPoint 中更正拼写时"子区域中的"键入时检查拼写"选项。

（5）单击"确定"按钮,完成本题操作。

图 3-55　"选项"选项

图 3-56　"PowerPoint 选项"对话框

任务 24

在第 2 张幻灯片上，重新设置图像并将其锐化调整为 15％。

解题步骤：

（1）在幻灯片索引标签栏中单击，选中第 2 张幻灯片。

（2）单击选中第 2 张幻灯片中的图片。

（3）单击"格式"选项卡。

（4）单击"调整"组中的"更正"按钮，"更正"按钮位置如图 3-57 所示。

图 3-57　"更正"按钮

（5）在下拉菜单中单击，选择"图片更正选项"选项，"图片更正选项"选项如图 3-58 所示。

（6）在"设置图片格式"对话框中，单击选中"图片更正"选项。"设置图片格式"对话框如图 3-59 所示。

（7）在"图片更正"任务窗口中，将锐化调整为题目要求的"15％"。

（8）单击"关闭"按钮，完成本题操作。

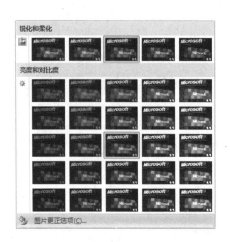

图 3-58 "图片更正选项"选项   图 3-59 "设置图片格式"对话框

任务 25

将"微软介绍"添加到演示文稿的属性中,作为主题。

解题步骤:

(1) 单击"文件"选项卡。

(2) 在左侧导航栏中单击"信息"选项。

(3) 在"信息"窗口右下角单击"显示所有属性","显示所有属性"选项如图 3-60 所示。

图 3-60 "显示所有属性"选项

（4）在"主题"后的文本框中输入题目要求的"微软介绍"，单击空白处，完成本题操作。"主题"设置如图 3-61 所示。

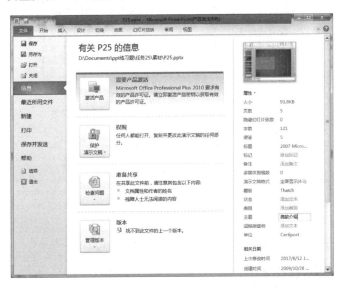

图 3-61 "主题"设置

任务 26

将每张幻灯片的大小都设置为：宽 30 厘米、高 20 厘米。

解题步骤：

（1）单击"设计"选项卡。

（2）单击"页面设置"组中的"页面设置"按钮，"页面设置"按钮如图 3-62 所示。

图 3-62 "页面设置"按钮

（3）在"页面设置"对话框中将"宽度"修改为 30 厘米。

（4）在"页面设置"对话框中将"高"修改为 20 厘米，"页面设置"对话框如图 3-63 所示。

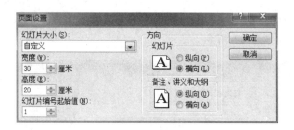

图 3-63 "页面设置"对话框

（5）单击"确定"按钮，完成本题操作。

任务 27

以 80％的大小比例浏览每张幻灯片。

解题步骤：

（1）单击"视图"选项卡。

（2）单击"显示比例"组中的"显示比例"按钮，"显示比例"按钮如图 3-64 所示。

图 3-64 "显示比例"按钮

（3）在"显示比例"对话框中，将"百分比"修改为 80％，"显示比例"对话框如图 3-65 所示。

图 3-65 "显示比例"对话框

（4）单击"确定"按钮，单击预览每张幻灯片，完成本题操作。

任务 28

使用密码 6789,对演示文稿进行加密。

解题步骤:

(1) 单击"文件"选项卡,"文件"选项卡如图 3-66 所示。

(2) 在左侧导航栏中单击"信息"选项。

图 3-66　"文件"选项卡

(3) 单击"保护演示文稿"选项。

(4) 在"保护演示文稿"下拉菜单中单击,选择"用密码进行加密"选项。"保护演示文稿"下拉菜单如图 3-67 所示。

(5) 在"加密文档"对话框中输入密码"6789","加密文档"对话框如图 3-68 所示。

(6) 单击"确定"按钮。

(7) 在"确认密码"对话框中重新输入密码"6789","确认密码"对话框如图 3-69 所示。

(8) 单击"确定"按钮,完成本题操作。

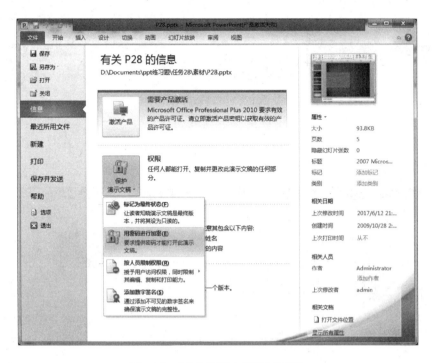

图 3-67　"保护演示文稿"下拉菜单

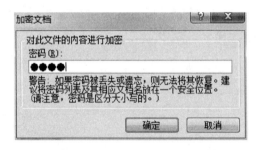

图 3-68　"加密文档"对话框

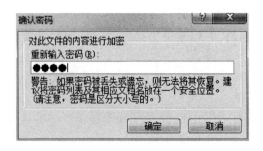

图 3-69　"确认密码"对话框

任务 29

　　使用文本"微软公司"为演示文稿添加页脚,对标题幻灯片之外的每张幻灯片都应用此页脚。

解题步骤:

(1) 单击"插入"选项卡。

(2) 单击"文本"组中的"页眉和页脚"按钮,"页眉和页脚"按钮如图 3-70 所示。

图 3-70　"页眉和页脚"按钮

　　(3) 在"页眉和页脚"对话框中勾选"页脚"复选框,"页眉和页脚"对话框如图 3-71 所示。

图 3-71　"页眉和页脚"对话框

(4) 在"页脚"下的文本框中输入"微软公司"。

(5) 勾选"标题幻灯片中不显示"选项。

(6) 单击"全部应用"按钮,完成本题操作。

任务 30

在第 4 张幻灯片中,对"通过认证的优势"文本框应用"深蓝,文字 2,淡色 50%"形状样式。

解题步骤:

(1) 在幻灯片索引标签栏中单击,选中第 4 张幻灯片。

(2) 单击第 4 张幻灯片中的"通过认证的优势"的文本框,"通过认证的优势"的文本框位置如图 3-72 所示。

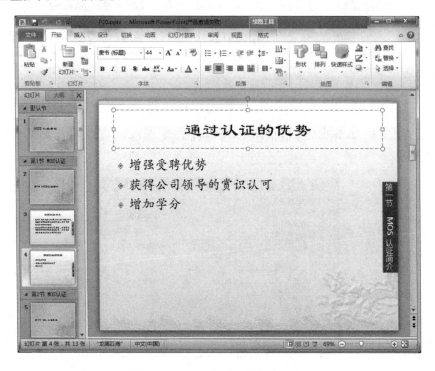

图 3-72 "通过认证的优势"文本框

(3) 单击"格式"选项卡。

(4) 单击"形状样式"组中的"形状轮廓"下拉菜单,选择"深蓝,文字 2,淡色 50%",单击空白处,完成本题操作。"形状轮廓"下拉菜单如图 3-73 所示。

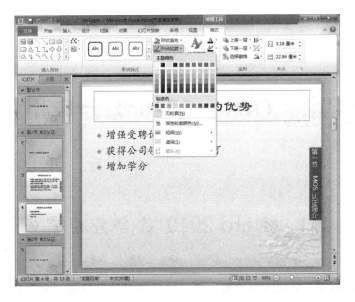

图 3-73　"形状轮廓"下拉菜单

第 4 章　Office 2010 综合应用实例

4.1　Word 2010 综合应用实例

制作会议通知单并以邮件的形式发送给各部门是乡村基础组织中经常遇到的工作，下面就以制作答辩会议通知单为例进行介绍。

某高校计算机学院将于近期举行学生毕业论文答辩会议，安排教务办小吴书面通知每位要参加毕业论文答辩会议的教师。小吴将参加答辩会议的老师信息放在一个 Excel 表格中，以文件名“答辩成员信息表. xlsx”进行保存，如图 4-1 所示。会议通知单内容放在一个 Word 文件中，内容及格式如图 4-2 所示，以文件名“答辩会议通知. docx”进行保存。小吴根据图 4-1 所示的成员信息，建立了每位答辩会议成员的通知单。

	A	B	C	D
1	姓名	组别	地点	职责
2	王金贵	第一组	8号楼301室	答辩组组长
3	欧阳克	第一组	8号楼301室	答辩组秘书
4	王新	第一组	8号楼301室	答辩组成员
5	朱兰	第一组	8号楼301室	答辩组成员
6	郭云怀	第二组	8号楼302室	答辩组组长
7	詹天成	第二组	8号楼302室	答辩组秘书
8	贾成杰	第二组	8号楼302室	答辩组成员
9	谢贵成	第二组	8号楼302室	答辩组成员
10				

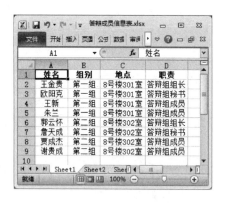

图 4-1　成员信息表

通　知

【姓名】老师：

兹定于 2014 年 6 月 12 下午 14：00 举行本院学生毕业论文答辩会议，您分在答辩小组【组别】，答辩会议地点在【地点】。请您准时参加并担任【职责】，谢谢！

特此通知

计算机学院

2014 年 6 月 2 日

图 4-2　通知单内容

具体操作步骤如下。

(1) 创建数据源。启动 Excel 程序，在 Sheet1 中输入答辩小组成员信息，如图 4-1 所示。其中，第 1 行为标题行，其他行为数据行。然后设置表格格式，标题行加粗，各单元格数据居中对齐。制作完毕以文件名"答辩成员信息表.xlsx"进行保存。

（2）创建主文档。启动 Word 程序,设计通知单的内容及版面格式,并预留文档中有关信息的占位符,如图 4-2 所示。其中,标题为二号宋体、加粗、居中显示;【姓名】行左对齐,通知内容为小四宋体;所有段落左右缩进各 4 个字符,1.5 倍行距;带"【 】"的文本为占位符;最后两行为右对齐。主文档设置完成后以文件名"答辩会议通知.docx"进行保存。

（3）利用"邮件合并"功能,实现主文档与数据源的关联,生成答辩会议通知单,其操作步骤如下。

① 打开已创建的主文档"答辩会议通知.docx",单击"邮件"选项卡"开始邮件合并"组中的"选择收件人"按钮 ,在下拉列表中选择"使用现有列表"命令,将弹出"选择数据源"对话框,如图 4-3(a)所示。

② 在对话框中选择已创建好的数据源文件"答辩成员信息表.xlsx",单击"打开"按钮。

③ 出现"选择表格"对话框,选择数据所在的工作表,默认为表 Sheet1,如图 4-3(b)图所示。单击"确定"按钮将自动返回。

(a)　　　　　　　　　　　　　　　　(b)

图 4-3　选择数据源对话框和选择表格对话框

④ 在主文档中选中第一个占位符"【姓名】",单击"邮件"选项卡"编写和插入域"组中的"插入合并域"按钮 ,选择要插入的域"姓名"。

⑤ 在主文档中选中第 2 个占位符"【组别】",按上一步操作,插入域"组别"。同理,插入域"地点"和"职责"。

⑥ 文档中的占位符被插入域后,其效果如图 4-4 所示。单击"邮件"选项卡"预览效果"组中的"预览结果"按钮,将显示主文档和数据源关联后的第一条数据结果,单击查看记录按钮" ",可逐条显示各记录对应数据源的数据。

⑦ 单击"邮件"选项卡"完成"组中的"完成并合并"按钮,在下拉列表中选择"编辑单个文档"命令,将弹出"合并到新文档"对话框,如图 4-5 所示。

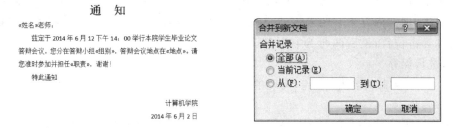

图 4-4　插入域后的效果　　　　　　　　图 4-5　合并到新文档对话框

⑧ 在对话框中单击"全部"单选按钮,然后单击"确定"按钮,Word 将自动合并文档并将全部记录放入一个新文档"信函 1.docx"中,如图 4-6 所示。对该文档重新进行保存操作,以文件名"答辩会议通知文档.docx"进行保存。

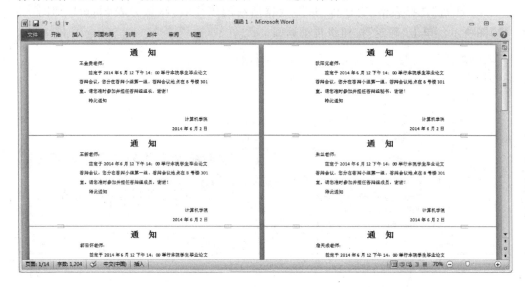

图 4-6　邮件合并效果

4.2　Excel 2010 综合应用实例

　　费用报销分析与管理是乡村基层组织工作中经常接触的工作,如果基层工作人员能熟练掌握 Excel 2010 快速做出分析和管理,将大大提高其工作效率。下面的实例将详细介绍这部分内容。

某单位财务部门工作人员小王，主要负责职工费用的报销与处理。报销数据量大且烦琐，需要对报销原始数据进行整理、制作报销费用汇总、按报销性质进行分类管理、制作报销费用表等操作。在如图 4-7 所示的费用报销表中，完成如下操作。

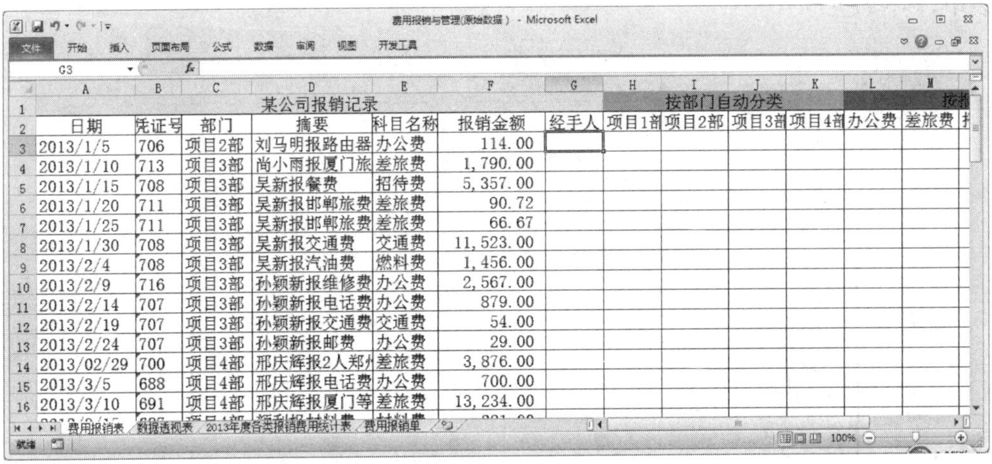

	A	B	C	D	E	F	G	H	I	J	K	L	M
1	某公司报销记录							按部门自动分类					按报
2	日期	凭证号	部门	摘要	科目名称	报销金额	经手人	项目1部	项目2部	项目3部	项目4部	办公费	差旅费
3	2013/1/5	706	项目2部	刘马明报路由器	办公费	114.00							
4	2013/1/10	713	项目3部	尚小雨报厦门旅	差旅费	1,790.00							
5	2013/1/15	708	项目3部	吴新报餐费	招待费	5,357.00							
6	2013/1/20	711	项目3部	吴新报邯郸旅费	差旅费	90.72							
7	2013/1/25	711	项目3部	吴新报邯郸旅费	差旅费	66.67							
8	2013/1/30	708	项目3部	吴新报交通费	交通费	11,523.00							
9	2013/2/4	708	项目3部	吴新报汽油费	燃料费	1,456.00							
10	2013/2/9	716	项目3部	孙颖新报维修费	办公费	2,567.00							
11	2013/2/14	707	项目3部	孙颖新报电话费	办公费	879.00							
12	2013/2/19	707	项目3部	孙颖新报交通费	交通费	54.00							
13	2013/2/24	707	项目3部	孙颖新报邮费	办公费	29.00							
14	2013/02/29	700	项目4部	邢庆辉报2人郑州	差旅费	3,876.00							
15	2013/3/5	688	项目4部	邢庆辉报电话费	办公费	700.00							
16	2013/3/10	691	项目4部	邢庆辉报厦门等	差旅费	13,234.00							

图 4-7　费用报销表

1. 在费用报销表中根据摘要列提取经手人姓名填入经手人列中。

2. 在费用报销表中将报销费用的数据按部门自动归类，并填入按部门自动分类的区域中。

3. 在费用报销表中将报销费用的数据按报销性质自动归类，并填入按报销性质自动分类的区域中。

4. 在费用报销表中将报销费用超过 10000 的记录红色突出显示。

5. 制作如表 4-1 所示的 2017 年度各类报销费用的总和及排名的表格，将计算结果填入“2017 年度各类报销费用统计表”中。

表 4-1　2017 年度各类报销费用统计表

报销名称	合计	排名
办公费	差旅费	招待费
材料费		
交通费		
燃料费		

6. 创建不同日期各部门费用报销的数据透视表。具体要求如下：

(1) 报表筛选设置为“日期”

(2) 列标签设置为“科目名称”

（3）行标签设置为"部门"和"经手人"

（4）数值为"求和项报销金额"

（5）将数据透视表放置于名为"数据透视表"的工作表 A1 单元格开始的区域中。

7. 制作一个如图 4-8 所示的费用报销单,将其放置于名为"费用报销单"的工作表中,具体要求。

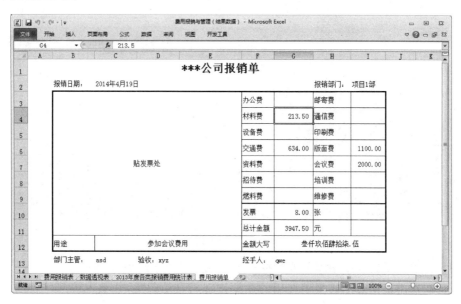

图 4-8 费用报销单

（1）报销日期,由系统日期自动填入,格式为 ＊＊＊＊年＊＊月＊＊日。

（2）报销部门设置为下拉列表选择填入（其中下拉列表选项为项目 1 组、项目 2 组、项目 3 组、项目 4 组）。

（3）求报销单中的总计金额和大写金额。

（4）报销单创建完成后,取消网格线以及对报销单设置保护,并设定保护密码。其中 G3:G10 区域、I3:I9 区域、I2 单元格、C13 单元格、E13 单元格和 G13 单元格可以输入内容,也可以修改内容,其余部分则不能修改。

具体步骤如下。

1. 根据摘要填经手人姓名

分析:在摘要中有一个共同特征:在经手人姓名后都有一个"报"字,只要获得"报"字的位置,就可以知道经手人姓名的长度,从而提取出姓名。要获得"报"字的位置,可以用 FIND 函数实现。具体操作步骤如下:

在费用报销表中 G3 单元格输入公式:＝LEFT(D3,FIND("报",D3)-1),拖动填充柄完成其他单元格的填充,结果如图 4-9 所示。

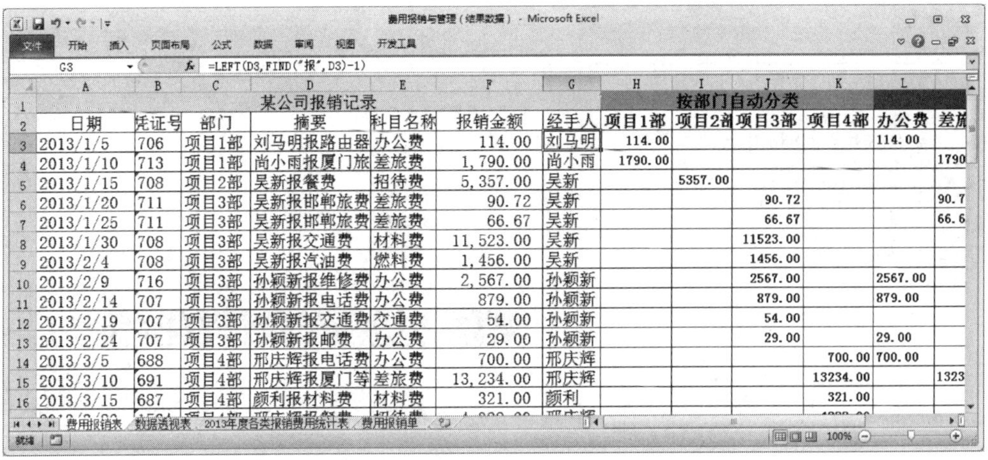

	A	B	C	D	E	F	G	H	I	J	K	L	
1	某公司报销记录							按部门自动分类					
2	日期	凭证号	部门	摘要	科目名称	报销金额	经手人	项目1部	项目2部	项目3部	项目4部	办公费	差旅
3	2013/1/5	706	项目1部	刘马明报路由器	办公费	114.00	刘马明	114.00				114.00	
4	2013/1/10	713	项目1部	尚小雨报厦门旅	差旅费	1,790.00	尚小雨	1790.00					1790
5	2013/1/15	708	项目2部	吴新报餐费	招待费	5,357.00	吴新		5357.00				
6	2013/1/20	711	项目3部	吴新报邯郸旅费	差旅费	90.72	吴新			90.72			90.7
7	2013/1/25	711	项目3部	吴新报邯郸旅费	差旅费	66.67	吴新			66.67			66.6
8	2013/1/30	708	项目3部	吴新报交通费	材料费	11,523.00	吴新			11523.00			
9	2013/2/4	708	项目3部	吴新报汽油费	燃料费	1,456.00	吴新			1456.00			
10	2013/2/9	716	项目3部	孙颖新报维修费	办公费	2,567.00	孙颖新			2567.00		2567.00	
11	2013/2/14	707	项目3部	孙颖新报电话费	办公费	879.00	孙颖新			879.00		879.00	
12	2013/2/19	707	项目3部	孙颖新报交通费	交通费	54.00	孙颖新			54.00			
13	2013/2/24	707	项目3部	孙颖新报邮费	办公费	29.00	孙颖新			29.00		29.00	
14	2013/3/5	688	项目4部	邢庆辉报电话费	办公费	700.00	邢庆辉				700.00	700.00	
15	2013/3/10	691	项目4部	邢庆辉报厦门等	差旅费	13,234.00	邢庆辉				13234.00		1323
16	2013/3/15	687	项目4部	颜利报材料费	材料费	321.00	颜利				321.00		

图 4-9　前 3 题操作后的结果

2. 对报销费用的数据按部门自动分类

在费用报销表中 H3 单元格输入公式：=IF($C3=H$2,$F3,"")，并向右填充，然后向下填充，完成按部门对报销费用自动分类，结果如图 4-9 所示。（注意混合引用的使用）

3. 对报销费用的数据按报销性质自动分类

在费用报销表中 L3 单元格输入公式：=IF($E3=L$2,$F3,"")，并向右填充，然后向下填充，完成按报销性质对报销费用自动分类，结果如图 4-9 所示。（注意混合引用的使用）

4. 将报销费用超过 10000 的记录红色突出显示。

（1）在费用报销表中选择 A3:Q 71 单元格区域

（2）单击“开始”选项卡下“样式”组中的“条件格式”，单击“新建规则”，弹出如图 4-10 所示的“新建规则”对话框，选择“使用公式确定要设置格式的单元格”，在为符合此公式的值设置格式框中输入公式：=$F3>10000，单击“格式”按钮，在弹出图 4-11 显示的“设置单元格格式”对话框，单击“填充”，选择“红色”，单击“确定”，再单击“确定”，则得到如图 4-12 所示的结果。

5. 求 2017 年度各类报销费用合计

求各类报销费用合计是一个条件求和的问题，用 SUMIF 函数实现。在 2017 年度各类报销费用统计表中的 B3 单元格输入公式：

=SUMIF(费用报销表！$E$3:$E$71,'2017 年度各类报销费用统计表'!A3,费用报销表！$F$3:$F$71)，拖动填充柄完成填充。

各类报销费用排名可以用 RANK.EQ 函数实现。在 C3 单元格输入公式：=RANK.EQ(B3,$B$3:$B$8)，拖动填充柄完成填充。计算结果如图 4-13 所示。

图 4-10　新建格式规则对话框

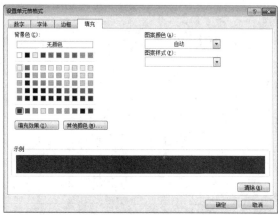

图 4-11　设置单元格格式对话框

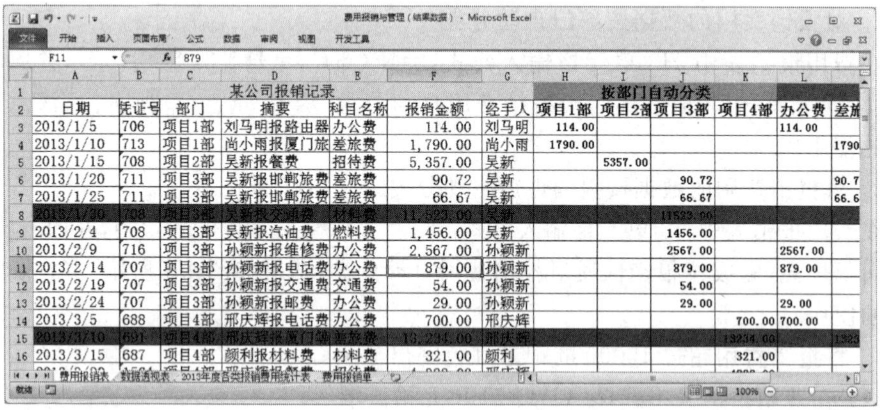

图 4-12　设置条件格式后的效果

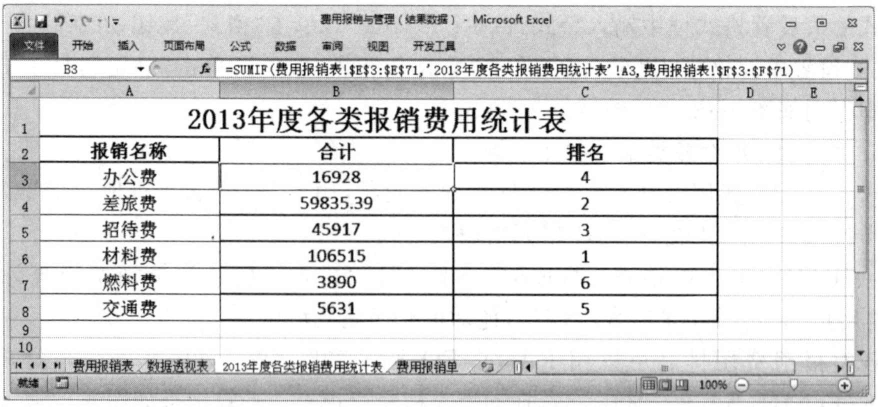

2013年度各类报销费用统计表		
报销名称	合计	排名
办公费	16928	4
差旅费	59835.39	2
招待费	45917	3
材料费	106515	1
燃料费	3890	6
交通费	5631	5

图 4-13　各类报销费用统计表

6. 创建不同日期各部门费用报销的数据透视表

创建数据透视表的操作步骤为：

（1）单击"费用报销表"数据表中的任意单元格。

（2）单击"插入"选项卡下"表格"组中的"数据透视表"按钮，在快捷菜单中选择"数据透视表"，打开如图 4-14 所示的"创建数据透视表"对话框。在"创建数据透视表"对话框中，设定数据区域和选择放置的位置。

图 4-14　创建数据透视表

（3）将"选择要添加到报表的字段"中的字段分别拖动到对应的"报表筛选"、"列标签"、"行标签"和"数值"框中。例如，将"日期"拖入报表筛选，"科目名称"拖入列标签，"部门"和"经手人"拖入"行标签"和"报销费用"拖入"数值"框中，便能得到不同日期各部门费用报销的数据透视表，如图 4-15 所示（为所创建的数据透视表）。

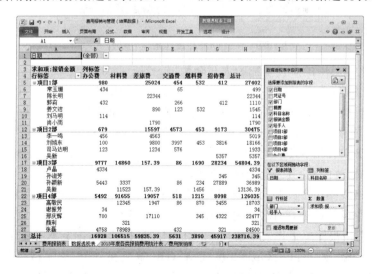

图 4-15　不同日期各部门费用报销的数据透视表

7. 制作费用报销单

(1) 在费用报销单工作表中,报销日期,由系统日期自动填入,格式为＊＊＊＊年＊＊月＊＊日。

在费用报销单工作表的 C2 单元格输入以下公式：

＝YEAR(TODAY())&"年"&MONTH(TODAY())&"月"&DAY(TODAY())&"日"

(2) 报销部门设置为下拉列表选择填入(其中下拉列表选项为项目 1 组、项目 2 组、项目 3 组、项目 4 组)。

首先在费用报销单工作表中选择 I2 单元格,在"数据"选项卡下"数据工具"组中,单击"数据有效性"命令,打开"数据有效性"对话框,在"允许"下拉列表框中选择"序列"选项,在"来源"文本框中输入"项目 1 组,项目 2 组,项目 3 组,项目 4 组"(逗号为英文逗号),如图 4-16 所示。输入完后单击"确定"就完成报销部门下拉列表的设置。

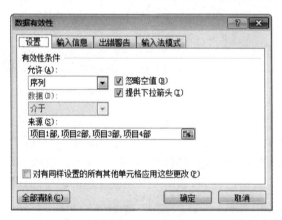

图 4-16　设置有效性条件(序列)

(3) 求报销单中的总计金额和大写金额。

在费用报销单工作表的 G11 单元格输入公式：＝SUM(G3:G9,I3:I9)

在费用报销单工作表的 G12 单元格输入公式：＝TEXT(G11,"[dbnum2]")

8. 取消网格线以及对报销单设置保护,并设定保护密码。其中 G3:G10 区域、I3:I9 区域、I2 单元格、G10 单元格、C13 单元格、E13 单元格和 G13 单元格可以输入内容,也可以修改内容,其余部分则不能修改。

取消网格线操作步骤为：在"视图"选项卡下"显示"组中去掉勾选网格线。

对报销单设置保护,并设定保护密码的操作步骤为：

(1) 在费用报销单工作表中按住 CTRL 键加鼠标选择,选定不需要保护的单元格区域(G3:G10 区域、I3:I9 区域、I2 单元格、G10 单元格、C13 单元格、E13 单元格和 G13 单元格),右键单击选定的区域,在快捷菜单中选择"设置单元格格式",弹出如图 4-17 所示的"设置单元格格式"对话框,单击"保护"标签,去掉勾选"锁定"。

（2）单击"审阅"选项卡"更改"组中的"保护工作表"，弹出如图 4-18 所示的对话框，勾选"保护工作表和锁定的单元格内容"，在密码框里输入保护密码，在"允许此工作表的所有用户进行"选项中去掉勾选"选定锁定单元格"，最后单击"确定"，完成工作表的保护。

图 4-17　设置单元格格式　　　　　　　　　图 4-18　保护工作表

4. PowerPoint 综合应用实例

制作宣传演示文稿在乡村基层组织工作中也是会经常遇到的，下面以制作景点宣传演示文稿为例，进行介绍。

小杨要制作一个关于宣传杭州西湖的演示文稿，通过该演示文稿介绍杭州西湖的基本情况。小杨已经做了一些前期准备工作，收集了相关的素材和制作了一个简单的 PPT，相关素材与演示文稿文件放在同一个文件夹中，如图 4-19 所示。现在需要对该 PPT 进行进一步完善。

图 4-19　PPT 的素材

具体要求为：

（1）在"标题幻灯片"版式母版中，将 4 个椭圆对象的填充效果设置为相应的 4 幅图片，在幻灯片母版中，将 3 个椭圆对象的填充效果设置为相应的 3 幅图片，效果分别如图 4-20 和图 4-21 所示。

（2）给幻灯片添加背景音乐"西湖之春.m4a"，并且要求在整个幻灯片播放期间一直播放。

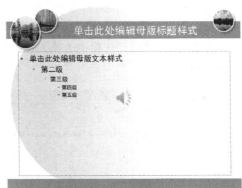

图 4-20 "标题幻灯片"版式母版　　　　　图 4-21 幻灯片母版

（3）在幻灯片首页底部添加从右到左循环滚动的字幕"杭州西湖欢迎您"。

（4）在第 3 张幻灯片中，把图片裁剪为椭圆，用带滚动条的文本框插入关于杭州西湖的文字简介，具体内容在"西湖简介.txt"中。

（5）在第 4 张幻灯片中插入关于杭州西湖的图片，要求能够实现点击小图，可以看到该图片的放大图，如图 4-22 所示。

图 4-22 点小图看大图

（6）在第 5 张幻灯片中，制作以下动画效果：

① 单击三潭印月按钮，以"水平随机线条"方式出现三潭印月图片，2 秒后自动出现"跷跷板"强调动画效果，再 2 秒后以"水平随机线条"方式消失。

② 单击雷峰塔按钮，以"圆形放大"方式出现雷峰塔图片，2 秒后自动出现"跷跷板"强调动画效果，再 2 秒后以"圆形缩小"方式消失。

（7）在第 6 张幻灯片中，以动态折线图的方式呈现如表 4-2 所示的游客人次变化。

表 4-2　2012-2013 年某景点各月份游客人次表(万)

	1 月	2 月	3 月	4 月	5 月	6 月	7 月	8 月	9 月	10 月	11 月	12 月
2012 年	22	25	13	18	45	17	20	24	18	78	18	16
2013 年	19	26	18	22	49	19	26	30	25	75	20	19

(8) 在第 7 张幻灯片中,插入视频"观唐西湖.wmv",设置视频效果为"柔滑边缘椭圆",然后进行以下设置:

① 把第 9 秒的帧设为视频封面;

② 把视频裁剪为第 7 秒开始,1 分 45 秒结束;

③ 设置视频的触发器效果,使得单击"播放按钮"时开始播放视频,单击"暂停按钮"时暂停播放,单击"结束按钮"时结束播放视频。

(9) 在第 8 张幻灯片中,把文本"欢迎来西湖!"的动画效果设置为:延迟 1 秒自动以"弹跳"的方式出现,然后一直加粗闪烁,直到下一次单击。

(10) 给第 2 张幻灯片中的各个目录项建立相关的超链接。

(11) 将演示文稿发布为较小容量的视频,保存在"D:\"下。

操作步骤如下。

1. 修改母版

在"标题幻灯片"版式母版中,将 4 个椭圆对象的填充效果设置为相应的 4 幅图片,在幻灯片母版中,将 3 个椭圆对象的填充效果设置为相应的 3 幅图片,效果分别如图 4-23 和图 4-24 所示。

图 4-23　"设置形状格式"对话框　　　图 4-24　图片填充后的效果

操作步骤如下:

(1) 单击"视图"选项卡下的"幻灯片母版"命令。

(2) 在"标题幻灯片"版式母版中,选中一个"椭圆"对象,单击右键,在弹出的快捷菜单中选择"设置形状格式"命令。

（3）在如图 4-23 所示的"设置形状格式"对话框中选择"图片或纹理填充"，再选择相应的图片填充，单击"关闭"按钮完成一个"椭圆"对象的填充效果设置，效果如图 4-24 所示。

（4）用同样的方法，依次完成"标题幻灯片"版式母版中的其他 3 个椭圆对象的填充效果设置。

（5）选中幻灯片母版，也采用上述方法，依次完成幻灯片母版中的 3 个椭圆对象的填充效果设置。

（6）单击"关闭母版视图"按钮退出。至此幻灯片的母版修改完成。

2. 背景音乐

在默认情况下，给幻灯片添加的音乐在单击时或者幻灯片切换页面时就会自动停止播放。要给幻灯片添加背景音乐"西湖之春. m4a"，并且要求在整个幻灯片播放期间一直播放。

操作步骤如下：

（1）选中第 1 张幻灯片，单击"插入"选项卡下的"音频"按钮，选择声音文件"西湖之春. m4a"。

（2）在"音频工具播放"选项卡中，选中"放映时隐藏"、"循环播放，直到停止"和"播完返回开头"，"开始"选择"跨幻灯片播放"，如图 4-25 所示。

图 4-25　"音频工具播放"选项卡

3. 滚动字幕

在幻灯片首页的底部添加从右到左循环滚动的字幕"杭州西湖欢迎您"。

操作步骤如下：

（1）在幻灯片首页的底部添加一个文本框，在文本框中输入"杭州西湖欢迎您"，文字大小设为 18 号，颜色设为红色。把文本框拖到幻灯片的最左边，并使得最后一个字刚好拖出。

（2）选中文本框对象，在"动画"选项卡中，进入动画效果选择"飞入"，效果选项选择"自右侧"，"开始"选择"与上一动画同时"，持续时间设为"8 秒"。

（3）单击"动画窗格"按钮，在如图 4-26 所示的"动画窗格"中双击该文本框动画，弹出"飞入"对话框，在"计时"选项卡中把"重复"设为"直到下一次单击"，如图 4-27 所示。单击"确定"按钮，滚动字幕制作完成。

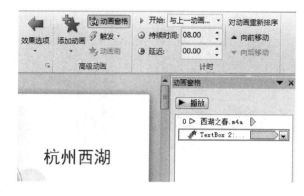

图 4-26　动画窗格　　　　　　　　　　图 4-27　"计时"选项卡

4. 带滚动条的文本框

在第 3 张幻灯片中,把图片裁剪为椭圆形状。

操作步骤如下:

双击第 3 张幻灯片中的图片,在"图片工具格式"选项卡中,在"裁剪"下拉列表中选择"裁剪为形状",再选择"椭圆",图片就被裁剪为椭圆形状了。

接下来要插入关于杭州西湖的文字简介,具体内容在"西湖简介.txt"中。由于内容比较多,如果直接插入文字的话,文字会比较小或者页面上放不下,因此,可以插入一个带滚动条的文本框。

操作步骤如下:

(1)选中第 3 张幻灯片,单击"开发工具"选项卡"控件"组中的"文本框(ActiveX 控件)"按钮。在幻灯片上拉出一个控件文本框,调整大小和位置。

(2)右键单击该文本框,选择"属性"命令,打开文本框属性设置窗口。把"南湖简介.txt"的内容复制到"Text"属性,设置"ScrollBars"为"fmScrollBarsVertical",设置"MultiLine"属性为"True",如图 4-28 所示。

至此,带滚动条的文本框制作完成。按【Shift+F5】键放映一下,就可以看到带滚动条的文本框了,效果如图 4-29 所示。

5. 点小图看大图

在第 4 张幻灯片中插入关于杭州西湖的图片,要求能够实现点击小图,可以看到该图片的放大图。

操作步骤如下:

(1)选中第 4 张幻灯片,单击"插入"选项卡中的"对象"按钮,在"插入对象"对话框的"对象类型"栏中选择"Microsoft PowerPoint 演示文稿",如图 4-30 所示,单击"确定"按钮。此时就会在当前幻灯片中插入一个"PowerPoint 演示文稿"的编辑区域,如图 4-31 所示。

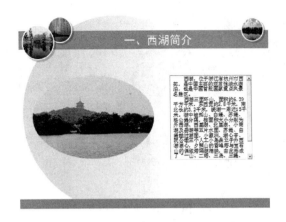

图 4-28　文本框的属性设置　　　　　　　图 4-29　带滚动条的文本框

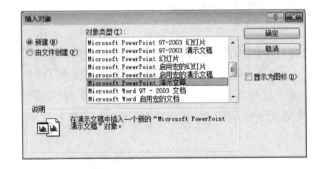

图 4-30　"插入对象"对话框

图 4-31　插入"PowerPoint 演示文稿"对象

　　(2) 单击"插入"选项卡中的"图片"按钮,选择图片"西湖 1.jpg",插入后调整图片大小,使得图片布满整个编辑区域,单击幻灯片空白处退出演示文稿对象编辑状态。

　　(3) 用同样的方法继续插入 3 个演示文稿对象,插入的图片分别是"西湖 2.jpg"、"西湖 3.jpg"、"西湖 4.jpg",调整演示文稿对象的大小与位置,操作完成。

　　6. 触发器动画

在第 5 张幻灯片中,制作以下动画效果:

(1) 单击三潭印月按钮,以"水平随机线条"方式出现三潭印月图片,2 秒后自动出现"跷跷板"强调动画效果,再 2 秒后以"水平随机线条"方式消失。

(2) 单击雷峰塔按钮,以"圆形放大"方式出现雷峰塔图片,2 秒后自动出现"跷跷板"强调动画效果,再 2 秒后以"圆形缩小"方式消失。

操作步骤如下:

(1) 选中第 5 张幻灯片,在"开始"选项卡的"选择"下拉列表中,选择"选择窗格"。

(2) 在如图 4-32 所示的"选择和可见性"窗格中,选中"三潭印月图片"。

(3) 在"动画"选项卡中,进入动画效果选择"随机线条",效果选项选择"水平",触发选择"单击三潭印月按钮",如图 4-33 所示。

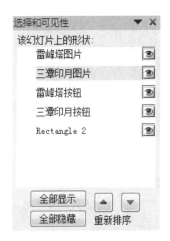

图 4-32　"选择和可见性"窗格　　　　　　　图 4-33　触发器设置

(4) 单击"添加动画"按钮,强调动画效果选择"跷跷板",触发选择"单击三潭印月按钮",开始下拉列表选择"上一动画之后",延迟设为"2 秒"。

(5) 继续单击"添加动画"按钮,退出动画效果选择"随即线条",效果选项选择"水平",触发选择"单击三潭印月按钮",开始下拉列表选择"上一动画之后",延迟设为"2 秒"。

(6) 在"选择和可见性"窗格中,选中"雷峰塔图片"。

(7) 在"动画"选项卡中,进入动画效果选择"形状",效果选项选择"圆形"、"放大",触发选择"单击雷峰塔按钮"。

(8) 单击"添加动画"按钮,强调动画效果选择"跷跷板",触发选择"单击雷峰塔按钮",开始下拉列表选择"上一动画之后",延迟设为"2 秒"。

(9) 继续单击"添加动画"按钮,退出动画效果选择"形状",效果选项选择"圆形"、"缩小",触发选择"单击雷峰塔按钮",开始下拉列表选择"上一动画之后",延迟设为"2 秒"。

至此，触发器动画设置完毕。单击"动画"选项卡中的"动画窗格"按钮，可以看到如图 4-34 所示的动画序列。

图 4-34　触发器动画序列

7. 动态图表

在第 6 张幻灯片中，以动态折线图的方式呈现如表 4-2 所示的游客人次变化。

操作步骤如下：

（1）选中第 6 张幻灯片，单击"插入"选项卡中的"图表"按钮，在"插入图表"对话框中选择"折线图"，单击"确定"按钮。

（2）把表 4-2 中的数据输入相应的数据表中，然后在数据编辑状态下，单击"图表工具设计"选项卡中的"切换行/列"按钮，调整图表的位置和大小，生成如图 4-35 所示的折线图。

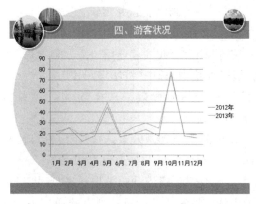

图 4-35　游客人次折线图

（3）选中该图表，在"动画"选项卡中，进入动画效果选择"擦除"，效果选项选择"自左侧"和"按系列"，持续时间设为"2 秒"，"开始"设为"上一动画之后"。动态图表设置完成。

8. 视频应用

在第 7 张幻灯片中，插入视频"观唐西湖.wmv"，设置视频效果为"柔滑边缘椭圆"，然后进行以下设置：

（1）把第 9 秒的帧设为视频封面；

（2）把视频裁剪为第 7 秒开始，1 分 45 秒结束；

（3）设置视频的触发器效果，使得单击"播放按钮"时开始播放视频，单击"暂停按钮"时暂停播放，单击"结束按钮"时结束播放视频。

操作步骤如下：

（1）选中第 7 张幻灯片，单击"插入"选项卡中的"视频"按钮，插入"观唐西湖.wmv"。

（2）选中视频，调整大小与位置，在"视频工具格式"选项卡中，把视频样式设为"柔滑边缘椭圆"。

（3）定位到第 9 秒的画面，在"视频工具格式"选项卡中，单击"标牌框架"按钮，选择"当前框架"，视频封面设置完毕，效果如图 4-36 所示。

（4）单击"视频工具播放"选项卡中的"裁剪视频"按钮，把开始时间设为"00:07"，结束时间设为"01:45"，如图 4-37 所示，单击"确定"按钮。

 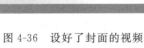

图 4-36　设好了封面的视频

图 4-37　"裁剪视频"对话框

（5）选中视频对象，在"动画"选项卡中，动画效果选择"播放"，触发选择"单击播放按钮"，如图 4-38 所示。

（6）单击"添加动画"按钮，媒体动画选择"暂停"，触发选择"单击暂停按钮"。

（7）继续单击"添加动画"按钮，媒体动画选择"停止"，触发选择"单击结束按钮"。

图 4-38　播放视频触发器设置

至此,视频的触发器设置完毕,通过"播放按钮"、"暂停按钮"和"结束按钮"可以控制视频的播放、暂停和结束。

9. 片尾动画

在第 8 张幻灯片中,把文本"欢迎来西湖!"的动画效果设置为:延迟 1 秒自动以"弹跳"的方式出现,然后一直加粗闪烁,直到下一次单击。

操作步骤如下:

(1)在第 8 张幻灯片中,选中文本"欢迎来西湖!",在"动画"选项卡中,进入动画效果选择"弹跳",开始下拉列表选择"上一动画之后",延迟设为"1 秒"。

(2)单击"添加动画"按钮,强调效果选择"加粗闪烁",开始下拉列表选择"上一动画之后"。

(3)单击"动画窗格"按钮,双击强调动画对象打开"加粗闪烁"对话框,在"计时"选项卡中,重复设为"直到下一次单击"。

至此,片尾动画设置完成。

10. 超链接

要给第 2 张幻灯片中的各个目录项建立相关的超链接,可以在文字上建立超链接,也可以在文本框上建立超链接,在此选择在文本框上建立超链接。

操作步骤如下:

(1)在第 2 张幻灯片中,选中相应的文本框,右键单击,在弹出的快捷菜单中选择"超链接"命令。

(2)在"插入超链接"对话框中,单击"本文档中的位置",选择相应文档中的位置,如图 4-39 所示。单击"确定"按钮建立了一个目录项的超链接。

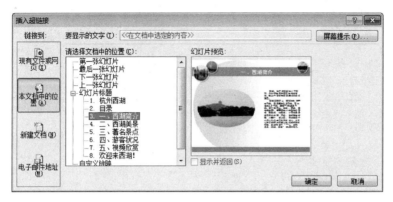

图 4-39　"插入超链接"对话框

（3）依次在其他文本框上用同样的方法建立合适的超链接。

11. 演示文稿发布成视频

要把演示文稿发布成较小容量的视频，保存在"D:\"下。

操作步骤如下：

（1）选择"文件"选项卡中的"保存并发送"命令，单击"创建视频"。

（2）在"创建视频"下的"计算机和 HD 显示"下拉菜单中选择"便携式设备"。

（3）在"创建视频"下的"不要使用录制的计时和旁白"下拉菜单中选择"不要使用录制的计时和旁白"。

（4）每张幻灯片的放映时间默认设置为 5 秒。

（5）单击"创建视频"按钮，打开"另存为"对话框，设置好文件名和保存位置，然后单击"保存"。